JN303898

工学基礎技術としての
物理数学
I：導入編

由比政年・前野賀彦 *編著　YUHI Masatoshi & MAENO Yoshihiko

ナカニシヤ出版

工学基礎技術としての物理数学

I：導入篇

由比　政年

前野　賀彦

[編著]

執筆者一覧

由比　政年（編著）：金沢大学大学院自然科学研究科環境科学専攻

前野　賀彦（編著）：日本大学理工学部土木工学科

斎藤　武久　　　　：金沢大学大学院自然科学研究科環境科学専攻

まえがき

「数学を道具として使いこなす」，その技術を身に付けることができれば，自然科学の様々な分野で自分の能力を最大限に発揮し，将来の可能性を広げることができます．このような**技術というものは，国境や文化，学問分野の壁を越えて共通であり，一度身に付けた技術は，国境や分野をまたいだ様々な舞台で，その人の無形の財産となります**．本書を編纂した目的は，自然科学を志す人が，**技術として数学的思考力を身に付けるための一つの効果的なトレーニングレシピを提供する**ことです．

本書で想定した主な読者層は物理数学の初級学習者であり，特に，数学を道具として活用していこうとする立場の人たちです．このような読者層に特徴的なニーズに応えるため，以下の三点を重視して本書の構成に特長を持たせました．

(1) **一歩一歩，段階を追って着実に実力を伸ばしていけるようにステップを設ける**．

どの方向に向けて，何をどのような順番で学んでいくかについて，的確なガイドラインを持つことは，初級者にとって決定的に重要です．新しい項目に対し，手探りで学習を進めていく段階では，まず，**具体的な例にあたって一つ一つの考え方を直観的に理解し，自分なりのイメージを描けるようになる**ことが重要です．一方，個々の事例をばらばらに検討するだけでは，トレーニングとしては不十分であり，次の段階に進む前に，学習した内容を一般化して整理するという過程も欠かせません．**具体的・直観的なイメージの把握と，普遍的な理解，この両者の間を行き来しながら，バランスの良いトレーニングを自然な形で進めていくことが重要**です．

本書では，従来の数学の分類体系にはとらわれない形で内容を選択し，話の進め方や組み合わせを工夫することで，手作りで一つ一つの煉瓦を積み上げていくようにして，読者が自分なりの数学活用法を構築できるよう，構成に工夫をこらしてあります．トレーニングを進めていく過程で，**これまでできなかったことが新たにできるようになることの面白さを味わい，主体的な努力の成果として自分の実力が着実に伸びていることを実感する**といった経験を重ねることで，自然科学の面白さの一端に触れてもらうことができると思います．

(2) **応用の立場から見て重要な部分に焦点を絞り，一つ一つをていねいに解説する**．

数学を道具として活用するという立場から考えて，本質的に重要な部分に集中し，メリハリをきかせて効果的に学習を進めることができるように配慮しています．初級者の場合，

数学的な厳密さあるいは網羅性を追求するよりも，**骨格となる要素とその位置付け（互いの関係）について自分なりのイメージを描けるようになること**が重要です．本書では，「**基本的事項の物理的あるいは図形的な意味合いを確実に理解すること**」が最も重要であるという考えに基づいて内容を絞り込み，論理の飛躍をできる限り排除して，ていねいな解説を加えることとしました．個々の説明においては，自然科学の様々な分野における具体的題材を取り上げ，図表や写真を駆使して，平易な言葉でていねいに解説するとともに，細かな式の計算過程を詳細に示すことを心がけました．ここでは，一見複雑に見えるものであっても，その理解が本質的に重要となる場合には，相当の紙面を割いてでも，物理的な意味合いや基本となる考え方について詳細な解説を加えてあります．

(3) 自然科学と数学のつながりを示し，道具としての数学の有用性が実感できるようにする．

本書の読者として想定しているのは，自然科学の様々な分野で数学を道具として活用していこうと考える人たちです．学習の過程で，**読者各自の関心のある領域と数学とが有機的に連携しうる**ということを感じてもらうために，自然科学の多様な分野から題材を取り込んで各章の内容を構成しています．具体的には，人口の将来予測，斜面測量，ダムからの排出流，海洋の波浪，溶岩流，河川の氾濫，干潟の地形，都市計画といった環境科学に現れる題材を中心に取り上げています．また，どうしてその題材を取り上げたのか，つまり，どのような状況下で数学的技術を活用しようとしているのかをできる限り具体的な形で示すよう留意しています．このようにして，具体的な適用例を中心に内容を構成することにより，**数学が道具として役立つこと**を実感してもらえると思います．

本書は，三篇から構成されています．さらに各篇は，それぞれ五つの章から構成されており，最終章に総合的問題演習を配置しています．第 1 篇は，微分法を活用して氾濫水の進行予測を試みるという筋立てになっています．第 2 篇では，実験・観測データを統計的に扱う手法を学習し，二変量間の関係式を導いていく過程を学習します．最後の第 3 篇では，数値シミュレーションの一端に触れて，その基本的な考え方を学べるようになっています．

各章はそれぞれ四つの節から成り，基本的な構成としては，まず，最初に具体的な問題を例示し，その問題に対する解法を発見的な手法で誘導していきます．次に，その具体例で示された解析過程を一般化して整理し，さらに，他の事例に適用することで，理解を一層深めるという形を取っています．また，各章の章末には，三種類の演習課題が配置されています．課題 A は，各章のポイントとなる内容を要約して記述せよという内容です．ここで，**各章の内容を自分なりに配置し直すことは，主体的に考える良い機会となる**はずです．また，**第三者へのわかりやすい説明を試みることは，学習内容を自分のものとして定着させるための最良のトレーニング**となります．課題 B は，反復練習による習熟度の向上を目指した問題で，計算力の向上を目指したもの，あるいは，章内では十分に紙面を割けなかった部分をより深く考えてもらうことで，繰り返しによる理解度の向上を狙ったもの

です．課題 C は，総合的な英文読解力と学習内容の理解度向上を目指した問題です．英文読解という違う角度から学習内容を振り返ることにより，自分の理解度を確認すると共に，背景となる知識があれば，技術英語はそれほど難しくないということを感じてもらえると期待しています．

　本書の**第 1 篇および第 2 篇の内容は，学部 1・2 年次における専門科目の導入教育において有効活用できる**よう編纂したものです．**第 3 篇は，少し上級生向け（2・3 年次程度）**の記述が含まれますが，第 1 篇と組み合わせて学習することで，新入生であっても，内容のエッセンスをつかむことは十分可能です．また，4 年次に進級して，**卒業研究に取り組む前に本書の内容をあらためて学習することもきわめて効果的**だと考えます．自然科学系の学部における卒業研究は，現在では実験系と理論・数値解析系の二つ（あるいはその組み合わせ）に大別されます．その際に必要な基礎知識を整理し，先輩や先生方とかみあった議論をするための準備として，第 2 篇および第 3 篇の内容は，非常に有効であると確信しています．

　なお，先にも述べたように，本書は，直観的なイメージの把握を優先するために，数学的な厳密さを犠牲にしている部分が多々あります．本書の内容だけでは，本格的な知識としては不十分なことは明らかであり，**本書を踏み台にしてより発展的に学習を進めていくことが必要**です．その意味で，**他のより精緻な数学のテキストと併用する形で本書を利用することが読者の成長にとって最も効果的**だと考えています．

　最後に，本書を活用するにあたっての心構えとして読者に要望したいことを述べておきます．本書では，技術という言葉に，二つの意味をこめています．まず，「**適切なトレーニングを積み重ねていけば，誰でも身に付けることができる．**」という点です．これは，逆に言えば，「**意識的にトレーニングを積み重ねていかない限り身につかない**」ものとも言えます．数理的思考力を技術として身に付け，自分が今取り組んでいる（あるいは将来取り組むであろう）様々な問題の中で活用できるようになるためには，**適切なトレーニングを地道に積み重ねていくことが必要**なのだということを念頭において，これから本書の内容を味わっていただくことを期待しています．

　筆者の浅学さゆえに説明が不十分な点あるいは記述が不適切な点もままあるかと思います．これらについては，読者諸氏からのご叱正を受けて改良していきたいと考えています．

　2004 年 3 月

由比　政年
前野　賀彦

目　次

第1篇：氾濫水の進行方向を予測してみよう

1. 微分を使って少し先の近似値を予測する：テイラー展開とその応用 ····· 3
   - 1.1 過去のデータから将来を予測するには？ ·· 4
   - 1.2 曲線を直線で局所的に近似する ·· 5
   - 1.3 テイラー展開：曲線を多項式で局所的に近似する ································· 7
   - 1.4 テイラー展開の活用例 ··· 11
   - 演習課題 ·· 15

2. 斜め先の地点での近似値を予測する：
   　　　　　二変数関数の偏微分・テイラー展開とその応用 ·············· 17
   - 2.1 二変数関数の変化率をどう見るか？ ·· 18
   - 2.2 一つの変数だけに着目した変化率：偏微分 ·· 19
   - 2.3 曲面を多項式で近似する：二変数関数のテイラー展開 ····················· 21
   - 2.4 二変数関数のテイラー展開の活用例 ·· 23
   - 演習課題 ·· 27

3. 斜め方向の変化率を調べる：二変数関数の方向微分 ···················· 29
   - 3.1 氾濫水の運動：等高線と直交する方向とは？ ···································· 30
   - 3.2 斜め方向の変化と二変数テイラー展開 ·· 31
   - 3.3 方向微分係数と全微分 ··· 33
   - 3.4 方向微分係数の計算例 ··· 34
   - 演習課題 ·· 37

4. 最急傾斜方向を求める：スカラー量の勾配 ···································· 39
   - 4.1 斜め方向の変化率：変化が最も急な方向とは？ ································· 40
   - 4.2 最急傾斜方向とは？：勾配ベクトルの方向 ·· 41
   - 4.3 最急傾斜方向での変化率：勾配ベクトルの大きさ ···························· 45
   - 4.4 勾配ベクトルの活用例：氾濫水の進行予測 ·· 46
   - 演習課題 ·· 49

5. 問題演習-1 51
    5.1 ダムからの放水速度 52
    5.2 山間地測量 53
    5.3 配水場からの配水速度 56
    5.4 スキー場の斜面勾配 58

第2篇：実験・計測データの特徴を定式化してみよう！

6. データの代表値を抽出する：平均値と標準偏差 63
    6.1 データの並び替え 64
    6.2 度数分布とヒストグラム 65
    6.3 データ分布の重心：算術平均 66
    6.4 データ分布のばらつき：分散と標準偏差 69
    演習課題 73

7. データ分布の特徴を調べる：正規分布と標準偏差 75
    7.1 誤差を含むデータの最確値 76
    7.2 測定精度の指標としての標準偏差・変動係数 78
    7.3 正規分布の特徴 80
    7.4 正規分布の適用例および注意点 84
    演習課題 85

8. 変化の傾向を見出す：最小自乗近似 87
    8.1 データの示す変化傾向を推定する 88
    8.2 誤差の総和が最小となるように近似する：最小自乗近似法 ... 89
    8.3 誘導過程の一般化 93
    8.4 最小自乗近似の適用例 95
    演習課題 97

9. 複雑な相関関係を定式化する：回帰曲線の算出 99
    9.1 最小自乗近似の応用：係数算出式の異なる表現法 100
    9.2 相関係数の算定 101
    9.3 近似放物線の算定 107
    9.4 対数関数の活用例 110
    演習課題 113

10. 問題演習-2 ··· 115
    10.1 アンケート調査結果の整理 ·· 116
    10.2 海岸の侵食速度 ··· 117
    10.3 河川水位と流量の関係 ·· 120
    10.4 雨滴の落下速度：片対数変換の活用 ·· 121

第3篇：数値シミュレーションを体験してみよう

11. 数値シミュレーションのしくみに触れてみる：
                   微分を差分で近似する ··············· 127
    11.1 テイラー展開を利用して微分方程式を近似的に解く ·················· 128
    11.2 微分を差分で近似する ·· 129
    11.3 差分式に対する近似精度の評価 ·· 133
    11.4 所定の精度を持つ近似式の誘導 ·· 134
    演習課題 ·· 137

12. 波が伝わる様子をシミュレートする：波動方程式の数値解析 ············ 139
    12.1 波動方程式の誘導 ··· 140
    12.2 空間微分・時間微分に対する差分近似 ·· 142
    12.3 波動方程式に対する差分解析例 ·· 143
    12.4 波動方程式の性質と差分解の挙動：
                   数値シミュレーションで大切なこと ·············· 149
    演習課題 ·· 153

13. 熱が伝わる様子をシミュレートする：熱伝導方程式の数値解析 ········ 155
    13.1 熱伝導方程式の誘導 ··· 156
    13.2 熱伝導方程式の解の性質 ··· 157
    13.3 熱伝導方程式に対する差分解析例 ·· 159
    13.4 陰解法と陽解法 ··· 163
    演習課題 ·· 167

14. 平面的な温度分布をシミュレートする：
                   ラプラス方程式の数値解析 ································ 169
    14.1 ラプラス方程式の解の性質 ··· 170
    14.2 ラプラス方程式に対する差分解析例 ·· 172

  14.3 連立方程式の数値解法－1：ガウスの消去法 ……………………………… 174
  14.4 連立方程式の数値解法－2：ガウス・ザイデル法 …………………………… 176
  演習課題 …………………………………………………………………………………… 179

15. 問題演習-3 ………………………………………………………………… 181

  15.1 一次精度風上差分近似に含まれる誤差の性質 ……………………………… 182
  15.2 二次精度風上差分式の誘導 ………………………………………………… 184
  15.3 二次精度風上差分式に基づく計算 ………………………………………… 187
  15.4 二次精度風上差分近似に含まれる誤差の性質 ……………………………… 189

参考文献 193
索　　引 195
謝　　辞 197

第 1 篇：氾濫水の進行方向を予測してみよう

第1章 微分を使って少し先の近似値を予測する
＜テイラー展開とその応用＞

概要：第 1 章では，世界の人口動向や斜面の標高変化といった身近な事例を題材として，関数のテイラー展開と呼ばれる技法を学習します．この手法は，複雑な関数の一部を簡単な関数（直線や放物線）で局所的に近似する方法の一つで，自然科学の多くの分野で有効に活用されています．複雑な関数を直線や放物線で近似する場合，どのような考え方に基づいて近似すれば良いか？そのイメージを探っていきます．

キーワード：テイラー展開，多項式近似，直線近似，放物線近似

予備知識：高校で学習する微分の基礎知識を前提としています．具体的には，次の二点が必要とされます．
(1) 基本的な関数の微分演算ができること
(2) 関数の変化率＝接線の傾き＝関数の一階微分値であることを理解していること

関連事項：第 2 章以降，最終章までの基本となる部分です．図形的なイメージをしっかり自分のものにして下さい．

学習目標：以下の各項目を達成することが学習目標設定の目安となります．

> (1) テイラー展開を使って関数の近似値を求めることの幾何学的イメージをつかむ．
> (2) テイラー展開の公式を書き下せるようになる．
> (3) テイラー展開を使って関数の近似値を計算できるようになる．

要望：以下のような感覚や習慣を育むきっかけとして，この教材が少しでも役立つことを期待しています．

・数学の講義で学んだ知識を応用することで，身近な現象の予測や解釈ができることを感覚的につかむ．
・数式の持つ図形的意味を探りながら，視覚的に考えることを習慣付ける．
・新しい技術を身に付けようとする過程では，まず具体的な事例にあたってイメージをつかみ，次にその経験を一般化することを習慣付ける．

これまで出来なかったことを，一つずつできるようにする！

1.1 過去のデータから将来を予測するには？

都市，環境問題に対する的確な行動計画を立案するには，人口の将来予測が必要です．では，1990年から2000年の10年間における世界の人口が下の表のように与えられた時，2003年の世界の人口をどのように推計することができるでしょうか？

表 1.1 世界の人口変化（総務省統計局 http://www.stat.go.jp/data/sekai/）（注 1.1）

年	1990	2000	2003
人口（億人）	52.5	60.6	?

まず，簡単なグラフを書いてみると図 1.1 の●印のようになります．これを見てごく自然に思いつくのは，この 2 点を結ぶ線分を延長し（破線部），2003 年の値（○印）を読み取ることでしょう．

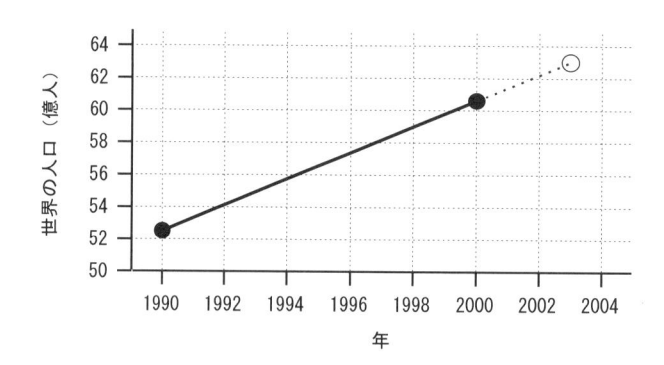

図 1.1 世界の人口変化に対する簡易予測例

以上の過程を，少し数学的に書くと次のようになります．

(1) まず，2000 年時点の人口＝60.6 億人です．

(2) 次に，1990 年から 2000 年にかけての一年あたりの人口変化率は，
(60.6 − 52.5)/10 ＝ 0.81（億人／年）と計算できます．

(3) ここで，人口変化率が 2000 年〜2003 年の間においても(2)の値と等しいと仮定すると，人口は三年間で 0.81×3 ＝約 2.4（億人）増加すると推定されます．

(4) したがって，2003 年の予測人口は，(1)＋(3)＝60.6＋2.4＝63.0（億人）となります．

注 1.1：文書中に表や図を挿入する場合，通常，表のタイトルは表の上側に，図のタイトルは図の下側に書きます．

ちなみに，米国センサス局（http://www.census.gov/cgi-bin/ipc/popclockw）による推計値（より詳細なデータに高度な統計処理を施したもの）は，2003 年 7 月 1 日現在の予測人口として，6,302,309,691 人という数字を出しています．両者を比較すると，先の近似値はかなり良い値を与えていることがわかります．今，人口を時間（年）の関数と見なして，このことを抽象化（一般化）すると次のようになります．

> ある時点での関数値とそこでの関数の変化率がわかっていれば，
> そこから少し先の関数値を実用的な精度で予測することができる．

1.2 曲線を直線で局所的に近似する

精度の高い地図を作り上げるということは，自然環境を知る上での基本事項の一つです．土木・建設・地理といった分野で最も基本となることは？と問われた時，"測量"と答える技術者も多いのではないでしょうか．

さて，あなたが，ある地域開発プロジェクトに携っているとします．そして，ある斜面の標高変化を測量した結果，その地形が次の式で表現できることがわかったとします（図1.2 参照）．

$$y = f(x) = (1+x)^{1/3} \tag{1.1}$$

手元に関数電卓がないとして，$x=0.3$(km)での標高の概略値（近似値）を求めるにはどうしたら良いでしょうか？

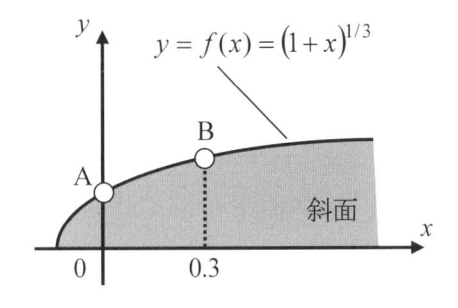

図 1.2 斜面の形状

前ページの例に倣うために，先に枠で囲んで示した格言（？）を少し言葉を変えてもう一度書いてみます．

「ある基準点における関数値と変化率がわかれば，少し先の関数値を予測できる．」

この例では，基準点 A：$x=0$，少し先の点 B：$x=0.3$ と考えれば良いでしょう．

(1) まず，基準点における関数値は，式 (1.1) で $x=0$ として，$f(0)=1$ と求まります．

(2) 次は変化率です．今の場合標高の変化率とは斜面の傾きのことですが，数学的に言うと次のようになります．

"関数の変化率＝関数の一階微分の値"

そこで，式 (1.1) を x で微分すると，次のようになります．

$$\frac{dy}{dx} = f'(x) = \frac{1}{3}(1+x)^{-2/3} \tag{1.2}$$

したがって，基準点での変化率は，$f'(0)=1/3$ と計算できます．

(3) ここまでくれば，後は簡単で，次のような計算が可能です．

少し先の点 B ($x=0.3$km) における近似値

＝基準点 A での関数値 (=1)
＋基準点 A での変化率 (=1/3)×2 点間の x 方向距離 (=0.3km)＝1.1(km)

ちなみに，式 (1.1) に基づいて関数電卓で厳密な値を計算すると 1.091…となりますから，上記(3)で求めた値は，厳密値と 1%程度の誤差で一致しています．

近似計算に用いた式を関数を使って書くと，次のようになります．(注 1.2)

$$f(0.3) \approx f(0) + f'(0) \times (0.3 - 0) \tag{1.3a}$$

これをもう少し一般的な形にしてみます．記号として，基準点位置を x，2 点間の x 方向距離を Δx（デルタエックス）と書くと，先の式の一般形は，次式のようになります．

$$f(x + \Delta x) \approx f(x) + f'(x)\Delta x \tag{1.3b}$$

この式の図形的な意味を考えてみましょう．先の計算では，$x=0$ から 0.3 の区間では，斜面の傾き（$f'(x)$の値）は一定であると仮定して近似値を計算しています．傾き一定は，図形的には直線近似を意味しています（図 1.3）．つまり，**曲線 $f(x)$ を直線 ($y=ax+b$) で近似すると，式 (1.3) のような近似式が得られる**ということです．

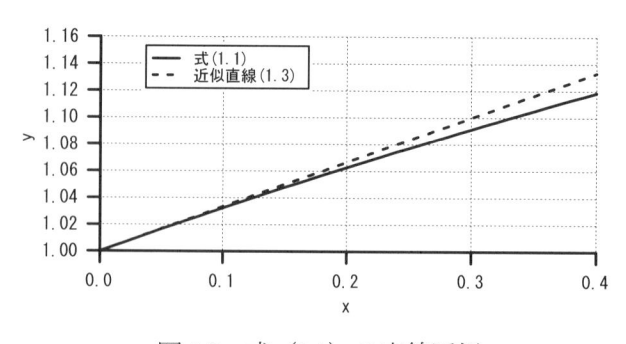

図 1.3 式 (1.1) の直線近似

注 1.2：記号 ≈ は近似的に等しいことを示しています．

1.3 テイラー展開：曲線を多項式で局所的に近似する

先の例では，曲線を直線（一次式：$y=ax+b$）で近似しました．これを更に発展させて，放物線（二次式：$y=ax^2+bx+c$）や三次式（$y=ax^3+bx^2+cx+d$），四次式といった高次の多項式を用いたより高度な近似を行うこともできます．

ここでは，$x=0$ の近傍で，先の式(1.1)を n 次の多項式で近似することを考えます．

$$\begin{aligned} y = f(x) &= (1+x)^{1/3} \\ &\approx a_0 + a_1 x + a_2 x^2 + \cdots + a_n x^n = g(x) \end{aligned} \tag{1.4}$$

$g(x)$の係数 a_i ($i=0,1,\cdots,n$) を適切に決定できれば，元の式 $f(x)$ に良く似た近似曲線が得られるはずです．しかし，"二つの曲線 $f(x)$, $g(x)$ が良く似ている"という時，何をもって"似ている"と判断するのか，いろいろな評価基準があり得ます．ここでは，一つの例として，$f(x)$を二次曲線（放物線）で近似し，$g(x)$が次の性質を持つ時，"$f(x)$と最も良く似ている"と考えることにします．

(1) $f(0)=g(0)$：基準点 $x=0$ での両者の値が等しい

(2) $f'(0)=g'(0)$：基準点 $x=0$ での両者の一階微分値が等しい（接線勾配が等しい）

(3) $f''(0)=g''(0)$：基準点 $x=0$ での両者の二階微分値が等しい

   （接線勾配の変化率つまり曲率が等しい）

実際に $f(x)=(1+x)^{1/3}$ の一階微分と二階微分を求めてみると次のようになります．

$$f'(x) = \frac{1}{3}(1+x)^{-2/3} \tag{1.5a}$$

$$f''(x) = -\frac{2}{9}(1+x)^{-5/3} \tag{1.5b}$$

次に，$g(x)=a_0+a_1 x+a_2 x^2$ の一階微分と二階微分を求めてみると次のようになります．

$$g'(x) = a_1 + 2a_2 x \tag{1.5c}$$

$$g''(x) = 2a_2 \tag{1.5d}$$

したがって，まず，条件(1)より，a_0 が次のように求められます．

$$f(0) = 1 = g(0) = a_0 \tag{1.6a}$$

次に，条件(2)より，a_1 が決定できます．

$$f'(0) = 1/3 = g'(0) = a_1 \tag{1.6b}$$

最後に，条件(3)より，以下の式が得られます．

$$f''(0) = -2/9 = g''(0) = 2a_2$$

これより，次のように a_2 を求めることができます．

$$\frac{1}{2} f''(0) = -1/9 = a_2 \tag{1.6c}$$

以上より，近似式 $g(x)$ は，以下のように表されます．

$$f(x) = (1+x)^{1/3} \approx g(x) = 1 + \frac{1}{3}x - \frac{1}{9}x^2 \tag{1.6d}$$

あるいは，x を Δx で置き換えて，次のような一般的な表現とすることもできます．

$$f(\Delta x) = f(0 + \Delta x) \approx f(0) + f'(0)\Delta x + \frac{1}{2} f''(0)(\Delta x)^2 \tag{1.7}$$

　上記の例では，二次式による近似を考えましたが，三次式，四次式，…と次数を上げて，より高次の近似式を導くこともできます．さらに，この高次化の過程を推し進めて無限次数の多項式にまで拡張すると，元の関数を数学的厳密さを保ったまま多項式として表現することが出来ます（注1.3）．このように，関数を多項式で局所的に近似表現することをテイラー展開と呼び，公式として次式で与えられます（注1.4）．

＜テイラー展開の公式：$x=0$ を基準点とした場合＞

$$\begin{aligned} f(\Delta x) &= f(0 + \Delta x) \\ &= f(0) + f'(0)\Delta x + \frac{1}{2!} f''(0)(\Delta x)^2 + \frac{1}{3!} f'''(0)(\Delta x)^3 + \cdots + \frac{1}{n!} f^{(n)}(0)(\Delta x)^n + \cdots \end{aligned} \tag{1.8a}$$

ここで，$f^{(n)}(x)$ は n 階微分を，$n!$ は n の階乗を表しています．

注1.3：厳密には，収束半径といった概念を用いてより精密な議論を進めることが必要ですが，その詳細に関しては既往の数学書を参照して下さい．本書ではイメージの把握に重点を置くためこれ以上深入りはしません．なお，本書では，対象とする関数は十分滑らかで，任意階数の微分が可能であるとします．

注1.4：$x=0$ まわりのテイラー展開を，特にマクローリン展開と呼ぶことがあります．

> テイラー展開とは，多項式の形で曲線を局所的に近似表現することです．工学的には，多くの場合，一次もしくは二次の項までの近似で実用上十分な精度が得られます．一次の近似式は式(1.3)と同形で直線近似を，二次の近似式は式(1.7)と同形で放物線近似を表します．

実際に，簡単な関数に対して一次および二次のテイラー展開式を誘導し，近似値と真の値を比較してみましょう．式(1.8a)では，基準点の座標は$x=0$となっています．この式をより多くの場面で使いやすい形にするために，"基準点xからΔx離れた所の関数値を求める"という形に式(1.8a)を少し書き換えておきます．ここでは，次のように考えてみましょう．まず，式(1.8a)をもう一度書き下しておきます．

$$f(0+\Delta x) = f(0) + f'(0)\Delta x + \frac{1}{2!}f''(0)(\Delta x)^2 + \frac{1}{3!}f'''(0)(\Delta x)^3 + \cdots + \frac{1}{n!}f^{(n)}(0)(\Delta x)^n + \cdots \tag{1.8b}$$

ここで，$x=0$が基準点の位置(A)を，Δxは，基準点と計算点の間のx方向距離$\overline{AB}$を表していました．この記号を用いて書き直すと式(1.8)は次のように書き換えられます．

$$f(A+\overline{AB}) = f(A) + f'(A)\times\overline{AB} + \frac{1}{2!}f''(A)(\overline{AB})^2 + \frac{1}{3!}f'''(A)(\overline{AB})^3 + \cdots + \frac{1}{n!}f^{(n)}(A)(\overline{AB})^n + \cdots \tag{1.9a}$$

もう一度，基準点の位置をx，基準点からの距離をΔxと置き直すと，より一般的なテイラー展開の公式として次式を得ることができます．

> **＜テイラー展開の公式：一般形＞**
>
> $$f(x+\Delta x) = f(x) + f'(x)\Delta x + \frac{1}{2!}f''(x)(\Delta x)^2 + \frac{1}{3!}f'''(x)(\Delta x)^3 + \cdots$$
> $$+ \frac{1}{n!}f^{(n)}(x)(\Delta x)^n + \cdots \tag{1.9b}$$
>
> ここで，$f^{(n)}(x)$はn階微分を，$n!$はnの階乗を表しています．

(例1.1) $y=f(x)=x^3$において，$x=1.1$における値は，$f(1.1)=1.331$となります．$x=1$のまわりのテイラー展開を利用してこの近似値を求めてみましょう．

この場合，式(1.9)は，以下のようになります．

$$f(x+\Delta x) = x^3 + 3x^2\Delta x + \frac{1}{2}6x(\Delta x)^2 + \cdots \tag{1.10}$$

ここで，$x=1$，$\Delta x=0.1$ とすると，次のように近似値が計算できます．

$$f(1+0.1) = 1^3 \underbrace{+3\times 1^2 \times 0.1}_{0.3} \underbrace{+0.5\times 6\times 1\times (0.1)^2}_{0.03} +\cdots \tag{1.11}$$

求められた近似値は，一次の項まで取ると 1.3 となります．また，二次の項まで取ると 1.33 となり，真の値により近づいていきます．

ここで，一次および二次の近似式の形をまとめておきます．

$$\text{（一次近似）} \quad f(x+\Delta x) \approx f(x) + f'(x)\Delta x \tag{1.12}$$
$$\text{（二次近似）} \quad f(x+\Delta x) \approx f(x) + f'(x)\Delta x + \frac{1}{2}f''(x)(\Delta x)^2 \tag{1.13}$$

なお，一次近似，二次近似に対応するテイラー展開の幾何学的イメージは，図 1.4 に示すものとなります．

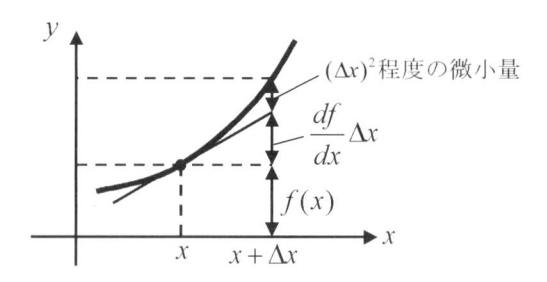

(a) 一次近似＝直線近似（勾配を一致させる）

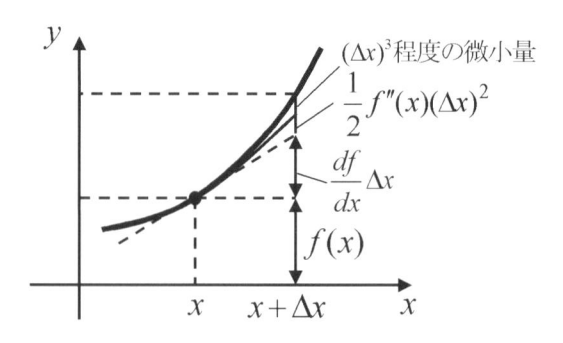

(b) 二次近似＝放物線近似（勾配と曲率を一致させる）

図 1.4　テイラー展開の幾何学的イメージ

1.4 テイラー展開の活用例

(1) 近似値の具体的な計算例：深海域における波浪の伝播速度

海洋を伝わる波浪の伝播特性を知っておくことは，港湾や防波堤の設計をする上で重要です．一般に，波浪の伝達特性は，その波の波長(wave length)とその地点の水深(water depth)の比によって特性が異なります．波長に比べて，水深が非常に深い所を伝達する波は深海波(deep water wave)と呼ばれ，その波速（波の伝わる速さ；m/s）は，次の理論式で計算できることが知られています（注1.4）．

$$C = \sqrt{\frac{gL}{2\pi}} \approx 1.25\sqrt{L} \tag{1.14}$$

ここで，L は波の波長(m)，g は重力加速度(m/s^2)を表します．

式(1.14)を用いて，波長110mの波の波速を計算してみましょう．波長100mの時の波速は，$C=1.25×10=12.5$ (m/s)と簡単に計算できるので，$L_0=100$m を基準として，$L = L_0 + \Delta L$ での波速の計算式をテイラー展開から求めてみましょう．まず，式(1.14)を L で微分すると，次のようになります．

$$\frac{dC}{dL} = \frac{1.25}{2}(L)^{-1/2} = 0.625(L)^{-1/2} \tag{1.15}$$

写真1.1 日本海の風浪（「北陸の海岸」より転載）

注1.4：深海波とは反対に，水深に比べて波長が長い波を浅海波(shallow water wave)あるいは長波(long wave)と呼びます．津波(tsunami)は，波長が数十kmと非常に長いため，通常，長波として取り扱われます．長波の波速は，水深のみで決まり，波速$=(gh)^{1/2}$ で表されます．太平洋の平均水深を約4,000mとすると津波の波速は，200m/s（時速720km）となります．つまり，津波はジェット機並みの速度で洋上を伝播していきます．

したがって，テイラー展開の一次近似式は次のようになります．

$$C(L_0 + \Delta L) \approx C(L_0) + \left.\frac{dC}{dL}\right|_{L=L_0} \times \Delta L = 1.25\sqrt{L_0} + 0.625(L_0)^{-1/2} \times \Delta L \quad (1.16)$$

これに，L_0=100m，ΔL=10m を代入して計算すると，近似値として 12.5＋0.625/10×10＝約 13.1(m/s)という結果が得られます．ちなみに，式(1.14)に L=110m を代入すると波速は 13.1(m/s)となり，近似値と真の値は小数点1位まで一致します．

(2) 物理法則を表す微分方程式の誘導例：湖の中の水圧分布

湖沼における水の運動が十分に小さい場合を考え，静止状態を仮定して水圧の分布を求めてみましょう．このような場合，湖水の中では摩擦力は働かず，働く力は圧力（水圧）のみとなります．また，静水状態における圧力のことを静水圧(hydrostatic pressure)と呼びます．静水圧は，以下の二つの重要な性質を持っています．

  (a)考えている面に垂直に働く．
  (b)水中の任意の点ではすべての方向に等しい値を持つ．

ダムや排水ゲートなどの設計においては，必要な設計強度を確保する上で，この静水圧を計算することが一番の基本となります．

写真1.2 山中湖遠景（写真提供 大井啓嗣氏）

ここでは，水面からの深さ z の位置における静水圧の強さ p を考えてみます（静水圧も単位面積当りに作用する力として扱われますので，以後圧力度と呼ぶことにします）．図1.5に示すように，水面からの深さ z の位置に各辺の長さがそれぞれ dx, dy, dz である微小直方体を考えます．この時，z 方向の力の釣り合い式は，重力による力と上下の面に働く静水圧とを考えて次のように表せます．

（重量：重力による力）＋（上面に作用する全圧力）－（下面に作用する全圧力）＝0 (1.17)

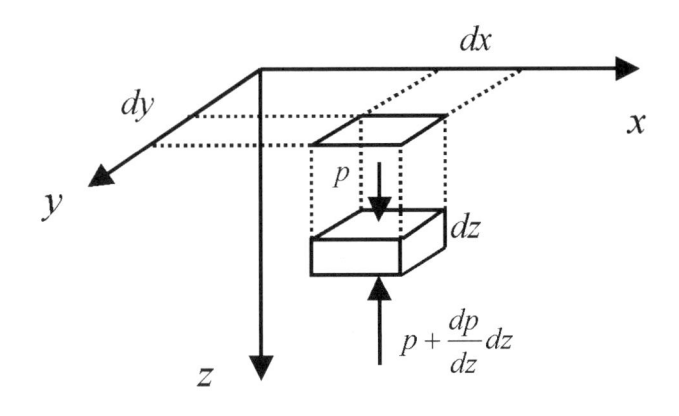

図1.5 微小直方体に働く圧力

ここで，水の密度をρ，重力加速度をgとすると，具体的には次のようになります．

$$（重量）＝（全質量\rho dxdydz）×（重力加速度\ g）＝\rho g dxdydz \tag{1.18a}$$

$$（上面に作用する全圧力）＝（上面での圧力度＝p）×（面積\ dxdy）＝pdxdy \tag{1.18b}$$

$$（下面に作用する全圧力）＝（下面での圧力度＝?）×（面積\ dxdy） \tag{1.18c}$$

ここで，テイラー展開を使って，下面での圧力度を表してみましょう．まず，テイラー展開の式より，下面での圧力度は以下のように表現できます．

$$（下面での圧力度）＝\ p(z+dz)=p(z)+\frac{dp}{dz}dz+\frac{1}{2}\frac{d^2p}{dz^2}dz^2+\cdots=p(z)+\frac{dp}{dz}dz+O(dz^2) \tag{1.18d}$$

最後の$O(dz^2)$は，dzの二次（二乗）以上の項，dz^2, dz^3, $\cdots$をまとめて表記したものです（注1.5）．式(1.18)を式(1.17)に代入して整理すると，次のようになります．

$$\rho g dxdyz + p(z)dxdy - \left(p(z)+\frac{dp}{dz}dz+O(dz^2)\right)dxdy = 0 \tag{1.19}$$

さらに，両辺を$dxdydz$で割り，dzは微小という条件を用いる（$dz\to 0$の極限を考える）と次式を得ることができます．

注1.5：文字Oは，order（程度）を示唆しており，$O(\alpha)$は，αと同程度かそれ以下の量を表します．なお，数学的には，大文字のOと小文字のoは異なる意味を持ち，小文字の場合すなわち$o(\alpha)$は，αより小なる程度の量を表します．

$$\frac{dp}{dz} = \rho g \tag{1.20}$$

これを z で積分すると圧力度 p は，次のように表されます．

$$p = \rho g z + C \quad (C:積分定数) \tag{1.21}$$

式 (1.21) の定数の値は，水面 $z=0$ で水圧は大気圧 p_0 に等しいという条件（$p=p_0$ at $z=0$）より求められます．その結果，水深 z における静水圧は，次のようになります．

$$p = \rho g z + p_0 \tag{1.22}$$

すなわち，水深が増えるに従ってそこでの水圧は比例的に増加していきます．

このように，力学系の解析を行う場合には，ある微小な要素に働く力の釣り合いをテイラー展開に基づいて表して，解析の基本となる方程式を導くということがよくあります．他にも，数値シミュレーションのプログラム設計の初期段階においても，テイラー展開が広く用いられています（第 11 章参照）．

演習課題

A. 学習事項に対するイメージの把握＋記述能力向上を目指したトレーニング

A1.1 図解あるいは箇条書き等を用いて，本章の学習内容のポイントを A4 用紙一枚にまとめて記述せよ．なお，説明用の図を必ず含めること．

B. 反復練習による習熟度の向上を目指したトレーニング

以下の設問の解答を記せ．なお，途中の過程も併せて示すこと．

B1.1 テイラー展開を使って関数の近似値を求めることの幾何学的イメージを図示せよ．
 (a) 一次近似， (b) 二次近似

B1.2 テイラー展開の公式を示せ．

B1.3 以下の関数を $x = 0$ まわりにテイラー展開せよ．

(1) $f(x) = (1+x)^{1/2}$ （三次近似の項まで）

(2) $f(x) = (1+x)^{1/3}$ （三次近似の項まで）

(3) $f(x) = e^x$ （三次近似の項まで）
(4) $f(x) = \sin x$ （五次近似の項まで）
(5) $f(x) = \cos x$ （五次近似の項まで）

C. 総合的な英文読解力と学習内容の理解度向上を目指したトレーニング

以下の英文を日本語に翻訳せよ．

C1.1 When a function $f(x)$ is repeatedly differentiable, the function usually has a Taylor series expansion which is a valid approximation of the given function. A Taylor series expansion of a function $f(x)$ can be written in the form

$$f(x) = f(a) + f'(a)(x-a) + \frac{f''(a)}{2!}(x-a)^2 + \frac{f'''(a)}{3!}(x-a)^3 + \cdots + \frac{f^{(n)}(a)}{n!}(x-a)^n + \cdots$$

A Maclaurin series is a special case of a Taylor series with $a = 0$.

（注）function：関数，differentiable：微分可能，Taylor series expansion：テイラー級数展開，approximation：近似，Maclaurin series：マクローリン級数

演習問題解答例

A1.1 省略

B1.1 省略

B1.2 $f(x+\Delta x) = f(x) + \dfrac{df}{dx}\Delta x + \dfrac{1}{2!}\dfrac{d^2 f}{dx^2}(\Delta x)^2 + \cdots + \dfrac{1}{n!}\dfrac{d^n f}{dx^n}(\Delta x)^n + \cdots$

あるいは,

$f(x+\Delta x) = f(x) + f'(x)\Delta x + \dfrac{1}{2!}f''(\Delta x)^2 + \cdots + \dfrac{1}{n!}f^{(n)}(\Delta x)^n + \cdots$

B1.3 (1) $f'(x) = \dfrac{1}{2}(1+x)^{-1/2}$, $f''(x) = -\dfrac{1}{4}(1+x)^{-3/2}$,

$f'''(x) = \dfrac{3}{8}(1+x)^{-5/2}$, したがって, $f(x) \approx 1 + \dfrac{1}{2}x - \dfrac{1}{8}x^2 + \dfrac{1}{16}x^3$

(2) $f'(x) = \dfrac{1}{3}(1+x)^{-2/3}$, $f''(x) = -\dfrac{2}{9}(1+x)^{-5/3}$,

$f'''(x) = \dfrac{10}{27}(1+x)^{-8/3}$, したがって, $f(x) \approx 1 + \dfrac{1}{3}x - \dfrac{1}{9}x^2 + \dfrac{5}{81}x^3$

(3) $f'(x) = e^x$, $f''(x) = e^x$, $f'''(x) = e^x$, したがって, $f(x) \approx 1 + x + \dfrac{1}{2}x^2 + \dfrac{1}{6}x^3$

(4) $f'(x) = \cos x$, $f''(x) = -\sin x$, $f'''(x) = -\cos x$, $f^{(4)}(x) = \sin x$, $f^{(5)}(x) = \cos x$

したがって, $f(x) \approx x - \dfrac{1}{6}x^3 + \dfrac{1}{120}x^5$

(5) $f'(x) = -\sin x$, $f''(x) = -\cos x$, $f'''(x) = \sin x$, $f^{(4)}(x) = \cos x$, $f^{(5)}(x) = -\sin x$

したがって, $f(x) \approx 1 - \dfrac{1}{2}x^2 + \dfrac{1}{24}x^4$

C1.1 ある関数 $f(x)$ が繰り返し微分可能な場合, 通常, その関数に対するテイラー級数展開が存在する. テイラー級数展開は, 与えられた関数を表現する有効な近似の一つである. 関数 $f(x)$ のテイラー級数展開は以下の形で表現できる.

$$f(x) = f(a) + f'(a)(x-a) + \dfrac{f''(a)}{2!}(x-a)^2$$
$$+ \dfrac{f'''(a)}{3!}(x-a)^3 + \cdots + \dfrac{f^{(n)}(a)}{n!}(x-a)^n + \cdots$$

マクローリン級数はテイラー級数で $a = 0$ とした特別な場合である.

第2章　斜め先の地点での近似値を予測する
＜二変数関数の偏微分・テイラー展開とその応用＞

概要：自然科学で予測の対象となるものは，多くの場合，複数の要因に影響されます．つまり，検討対象となる関数は，複数の変数を持ちます．第2章では，第1章の内容を発展させて，二変数関数に対するテイラー展開の手法とその応用について学習します．また，その過程において，二変数関数の軸方向変化率を求めるための「偏微分」と呼ばれる操作について，そのイメージや具体的な計算法を学ぶことにします．

キーワード：多変数関数，テイラー展開，偏微分，接平面近似，二次曲面近似

予備知識：第1章で学習した一変数関数のテイラー展開の知識を前提としています．
 (1) 一変数関数のテイラー展開の図形的イメージを理解していること
 (2) 具体的な関数形が与えられた時，一変数関数のテイラー展開ができること
　以上の二項目が基本となります．

関連事項：第3章および第4章へと発展します．また，本章から直接第2篇の第9章，または第3篇の第11章以降に進むこともできます．

学習目標：以下の各項目を達成することが学習目標設定の目安となります．

---

 (1) 多変数関数の偏微分に対する幾何学的イメージをつかむ．
 (2) 多変数関数が与えられた時，偏微分係数の式を書き下せるようになる．
 (3) テイラー展開を使って二変数関数の近似値を計算できるようになる．

要望：以下のような感覚や習慣を育むきっかけとして，この教材が少しでも役立つことを期待しています．

・数学の講義で学んだ知識を応用することで，身近な現象の予測や解釈ができることを感覚的につかむ．
・数式の持つ図形的意味を探りながら，視覚的に考えることを習慣付ける．
・新しい技術を身に付けようとする過程では，まず具体的な事例にあたってイメージをつかみ，次にその経験を一般化することを習慣付ける．

　　　　これまで出来なかったことを，一つずつできるようにする！

2.1 二変数関数の変化率をどう見るか？

世界には多くの火山地帯が存在し，火砕流，溶岩流や泥流，土石流による災害も数多く発生しています．このような自然災害を最小限に留めることが，地球環境に関わる技術者の基本的なミッションの一つと言えます．写真 2.1 は，アメリカ西海岸のワシントン州にある Saint Helens 山の溶岩ドームを撮影したものです．また，このような溶岩ドームが斜面上で緩やかに発達していく過程を，著者らの研究室で数値シミュレーションを用いて解析した例が図 2.1 です．原点 $(0,0)$ から溶岩流が湧き出すものとして解析しています．この数値シミュレーションの基本となる式（複雑なのでここでは詳しい説明を省略します）は，溶岩流の流れの方向やその速度は溶岩ドームの表面形状（傾き）に強く影響を受けることを示しています．つまり，ある時間におけるドームの表面形状（基準面からの高さ）を $z=h(x,y)$ という関数で表したときに，その傾き（すなわち微分係数）を知ることが重要になります．

さて，図 2.1 に示す溶岩ドームの A 点 $(x,y)=(1,0.5)$ における表面の傾斜とは，いったい何を意味するのでしょうか？　たとえば，x 方向を東西方向，y 方向を南北方向としたとき，東西方向と南北方向の傾斜は一般に異なる値をとります．

写真 2.1　St. Helens 山での溶岩ドームの発達
(http://vulcan.wr.usgs.gov/home.html)

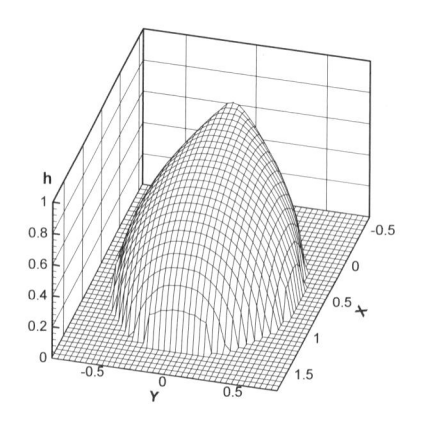

図 2.1　溶岩流の数値シミュレーション

すなわち，$h(x,y)$のような二変数の関数（一般化するならば多変数の関数）の傾斜（変化率）を考える場合には，"東西方向の傾斜"，"南北方向の傾斜"，"北東45度方向の傾斜"というように，どの方向の変化率（傾斜）かを具体的に指定する必要があります．本書の第3章で，(x,y)の二変数関数の任意方向の変化率を計算する方法を扱いますが，今回は，その最も基本的な形として，座標軸に平行な方向（感覚的に言えば，東西方向と南北方向，あるいは，数学的に言えば，x方向とy方向）の変化について考えてみます．

図2.2は，図2.1のドームをx軸およびy軸に垂直な平面で切断した時の断面形を表しています．ここで，左側の図が$x=1$の断面，右側の図が$y=0.5$の断面に対応しています．このように曲面$h(x,y)$の断面に注目すると，断面形状は曲線になりますから，これまでに学習してきたことがそのまま活用できます．たとえば，y方向の変化率は，図2.2下段の図に示された断面曲線の接線の傾きにより表されます．すなわち，次のことが言えます．

二変数関数$h(x,y)$に対して，一方の値を固定する（座標軸に垂直に断面を切ることに相当）と，実質的に一変数の関数として扱うことができる．

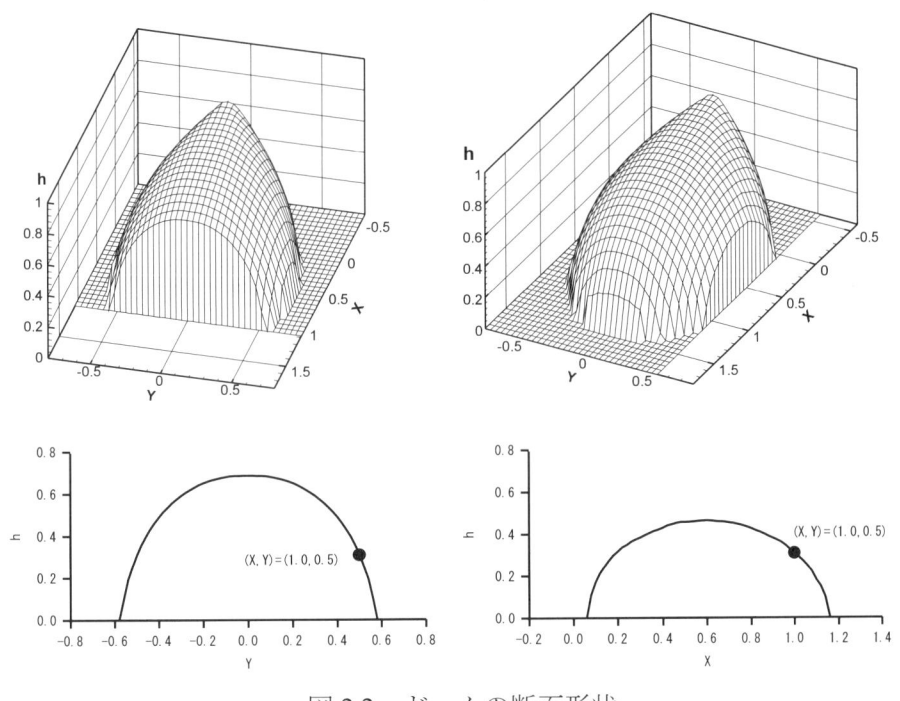

図2.2 ドームの断面形状

2.2 一つの変数だけに着目した変化率：偏微分

前節の内容を，もう少し数学的に検証してみましょう．議論を簡単にするために，ある時間の溶岩ドームの形状が次式で表されるものとします．

$$h(x, y) = 1 - 0.2x^2 - 0.25y^2$$
$$(0.2x^2 + 0.25y^2 \leq 1)$$
(2.1)

この式を用いて，点(1, 1)における x 方向および y 方向の変化率（一階微分値）を求めてみましょう．

(1) x 方向の変化率

$y = 1$ の断面を考えると，式 (2.1) の右辺 $= 0.75 - 0.2x^2$ となります．これは，x のみの関数ですから，x で微分すると，$-0.4x$．したがって，$(x, y) = (1, 1)$ における x 方向の変化率（傾斜）は，$-0.4 \times 1 = -0.4$ となります．

(2) y 方向の変化率

$x = 1$ の断面を考えると，式 (2.1) の右辺 $= 0.8 - 0.25y^2$ となります．これは，y のみの関数ですから，y で微分すると，$-0.5y$．したがって，$(x, y) = (1, 1)$ における y 方向の変化率（傾斜）は，$-0.5 \times 1 = -0.5$ となります．

二変数 (x, y) の関数であっても，(x, y) のどちらか一方を固定することにより，実質的には一変数関数としての取り扱いが可能になりますから，何も難しくないということが実感できると思います．

上の例のように，(x, y) の関数 h が与えられて，そのどちらか一方を固定し，もう一方の変数だけに着目して変化率を算出することを，「**関数 $h(x, y)$ の偏微分係数**を求める」と言います．

多変数関数を対象とした，より一般的な表現で言い換えてみます．

> **複数の変数を持つ関数において，ある一つの変数に着目し，他の変数はすべて固定して，着目した一つの変数だけで微分することを偏微分と呼びます．**

偏微分の記号は，通常の微分記号 d/dx と区別するために，$\partial / \partial x$ という表記を用います．なお，関数 $f(x, y)$ の x および y 方向に関する偏微分の定義は次式となります．

$$\frac{\partial f}{\partial x} = \lim_{dx \to 0} \frac{f(x + dx, y) - f(x, y)}{dx} \tag{2.2a}$$

$$\frac{\partial f}{\partial y} = \lim_{dy \to 0} \frac{f(x, y + dy) - f(x, y)}{dy} \tag{2.2b}$$

簡単な関数を例に取り，その偏微分係数を具体的に計算してみましょう．

（例1）関数 $f(x, y) = x^3 y$ の偏微分係数（一階微分）を求めよ．

（解答例）まず，x に関する偏微分係数を求める際には，式中の y は定数とみなして，x に関する微分を計算すればよいことから，次式が求まります．

$$\frac{\partial f}{\partial x} = 3x^2 y \tag{2.3}$$

一方，y 方向に対する偏微分係数を求める際には，式中の x を定数とみなして，y に関する微分を計算すればよいので，次式が得られます．

$$\frac{\partial f}{\partial y} = x^3 \tag{2.4}$$

（例2）　関数 $f(x,y)=e^x \cos y$ の偏微分係数（一階微分）を求めよ．

（解答例）先の例と同様に考えて，以下の式が求められます．

$$\frac{\partial f}{\partial x} = e^x \cos y \tag{2.5a}$$

$$\frac{\partial f}{\partial y} = -e^x \sin y \tag{2.5b}$$

2.3　曲面を多項式で近似する：二変数関数のテイラー展開

第1章では，曲線 $y=f(x)$ を直線や放物線（一次式：$y=ax+b$; 二次式：$y=ax^2+bx+c$）で近似する手法を学習しました．ここでは，偏微分の概念を活用することで，第1章の内容を更に発展させ，曲面 $z=f(x,y)$ を平面（$z=ax+by+c$）や二次曲面（$z=ax^2+by^2+cxy+dx+ey+k$）といった (x,y) の多項式を用いて近似することを考えます．

まず，双二次（x,y それぞれに対して二次）の多項式を用いて近似を行ってみます．

$$z = f(x,y) \approx a_{00} + a_{10}x + a_{01}y + a_{20}x^2 + a_{11}xy + a_{02}y^2 = g(x,y) \tag{2.6}$$

第1章との違いは，x だけでなく y の項も出てきたというだけです．x だけの時と同様に考えれば，$g(x,y)$ の係数 a_{ij} を適切に決定することで，元の式 $f(x,y)$ に"良く似た"近似曲面が得られるはずです．ここでも，"二つの曲面 $f(x,y), g(x,y)$ が良く似ている"という時，何をもって"似ている"と判断するか，いろいろな評価基準があり得ます．ここでは，第1章での例を拡張して，$g(x,y)$ が次の性質を持つ時，"$f(x,y)$ と最も良く似ている"と考えることにします．

(1)　$f(0,0) = g(0,0)$：基準点 $(0,0)$ での両者の値が等しい

(2)　$f_x(0,0) = g_x(0,0)$：基準点での両者の一階偏微分値（x 方向勾配）が等しい

(3) $f_y(0,0) = g_y(0,0)$：基準点での両者の一階偏微分値（y方向勾配）が等しい

(4) $f_{xx}(0,0) = g_{xx}(0,0)$：基準点での両者の二階偏微分値（$x$方向曲率）が等しい

(5) $f_{yy}(0,0) = g_{yy}(0,0)$：基準点での両者の二階偏微分値（$y$方向曲率）が等しい

(6) $f_{yx}(0,0) = g_{yx}(0,0)$：基準点での両者の二階偏微分値
（y方向勾配のx方向変化率）が等しい

なお，表記を簡単にするために，下附きの添字でその変数に関する偏微分を表しています．すなわち，次のような簡略表記を用いています．

$$\frac{\partial f}{\partial x} = f_x, \quad \frac{\partial f}{\partial y} = f_y \tag{2.7a,b}$$

$$\frac{\partial^2 f}{\partial x^2} = f_{xx}, \quad \frac{\partial^2 f}{\partial y^2} = f_{yy}, \quad \frac{\partial^2 f}{\partial x \partial y} = f_{yx} \tag{2.7c,d,e}$$

実際に上の六つの条件から，$g(x, y)$の係数a_{ij}を求めてみます．最初に，$g(x, y)$の偏微分係数を計算しておきます．

$$g_x = a_{10} + 2a_{20}x + a_{11}y \tag{2.8a}$$

$$g_y = a_{01} + a_{11}x + 2a_{02}y \tag{2.8b}$$

$$g_{xx} = 2a_{20} \tag{2.8c}$$

$$g_{yy} = 2a_{02} \tag{2.8d}$$

$$g_{yx} = a_{11} \tag{2.8e}$$

したがって，まず，条件(1)より，次式が得られます．

$$f(0,0) = a_{00} \tag{2.9a}$$

次に，条件(2)より，a_{10}が次のように求められます．

$$f_x(0,0) = a_{10} \tag{2.9b}$$

また，条件(3)より，a_{01}は以下のようになります．

$$f_y(0,0) = a_{01} \tag{2.9c}$$

さらに，条件(4)より，a_{20}に対して次の条件式が得られます．

$$f_{xx}(0,0) = 2a_{20} \tag{2.9d}$$

同様に，条件(5)より，a_{02}に対する条件式が以下のように求められます．

$$f_{yy}(0,0) = 2a_{02} \tag{2.9e}$$

これらを変形すると，次のようになります．

$$a_{20} = \frac{1}{2} f_{xx}(0,0) \tag{2.9f}$$

$$a_{02} = \frac{1}{2} f_{yy}(0,0) \tag{2.9g}$$

最後に，条件(6)より次式を得ます．

$$f_{yx}(0,0) = a_{11} \tag{2.9h}$$

以上のように条件(1)から(6)に基づいて，各係数を決定できます．

以上まとめると，**点$(x,y)=(0,0)$まわりの二変数関数のテイラー展開式（二次近似式）**として次式が得られます．

＜二変数関数のテイラー展開の公式：原点周り＞

$$f(0+\Delta x, 0+\Delta y) \approx f(0,0) + f_x(0,0)\Delta x + f_y(0,0)\Delta y$$
$$+ \frac{1}{2}f_{xx}(0,0)(\Delta x)^2 + f_{yx}(0,0)(\Delta x \Delta y) + \frac{1}{2}f_{yy}(0,0)(\Delta y)^2 \tag{2.10}$$

なお，基準点$(0,0)$からの増分ということを明示するために，x, yの替わりに$\Delta x, \Delta y$を用いて表記しています．

この例で，三次式，四次式，……と次数を上げてより高次の近似式を与えることもできますが，ここでは，二次式までにしておきます．**工学的には，多くの場合，一次もしくは二次の項までの近似で実用上十分な精度が得られます．一次の近似式は平面による近似を，二次の近似式は二次曲面による近似を表します．**

2.4　二変数関数のテイラー展開の活用例

実際に，簡単な関数に対して一次および二次のテイラー展開式を誘導し，近似値と真の値を比較してみましょう．式(2.10)では，基準点の座標は$(x,y)=(0,0)$となっています．この式をより多くの場面で使いやすい形にするために，**"基準点(x,y)から$\Delta x, \Delta y$離れた所の関数値を求める"**という形に式(2.10)を少し書き換えておきます．

二変数関数$f(x,y)$のテイラー級数展開：一般形

$$f(x+\Delta x, y+\Delta y) = f(x,y) + \left.\frac{\partial f}{\partial x}\right|_{(x,y)} \Delta x + \left.\frac{\partial f}{\partial y}\right|_{(x,y)} \Delta y$$
$$+ \frac{1}{2}\left.\frac{\partial^2 f}{\partial x^2}\right|_{(x,y)}(\Delta x)^2 + \left.\frac{\partial^2 f}{\partial x \partial y}\right|_{(x,y)} \Delta x \Delta y + \frac{1}{2}\left.\frac{\partial^2 f}{\partial y^2}\right|_{(x,y)}(\Delta y)^2 + \cdots \tag{2.11}$$

式(2.11)で一次の項まで取ると近似式は次のようになります．

$$f(x+\Delta x, y+\Delta y) \approx f(x,y) + \frac{\partial f}{\partial x}\bigg|_{(x,y)} \Delta x + \frac{\partial f}{\partial y}\bigg|_{(x,y)} \Delta y \tag{2.12}$$

(例1) $z = f(x,y) = x^2 + y^2$ において $(x,y) = (1.1, 1.2)$ の値は，$f(1.1, 1.2) = 1.21 + 1.44 = 2.65$ となります．この値とテイラー展開による近似値を比較してみましょう．

まず，f の偏微分係数を求めると，以下の式を得ます．

$$\frac{\partial f}{\partial x} = 2x, \quad \frac{\partial f}{\partial y} = 2y$$

これより，テイラー展開で一次の近似値を求めると次のようになります．

$$f(1+0.1, 1+0.2) \approx (x^2+y^2)\big|_{\substack{x=1\\y=1}} + (2x)\big|_{\substack{x=1\\y=1}} \Delta x + (2y)\big|_{\substack{x=1\\y=1}} \Delta y$$
$$= (1^2+1^2) + 2 \times 0.1 + 2 \times 0.2$$
$$= 2.6$$

(例2：斜面測量)　ある山間地で斜面の測量を行ったところ，その斜面の起伏の様子は図 2.3 に示すようであり，その斜面は x を東方向距離(km)に，y を北方向距離(km)にとったとき標高 z (m)が以下のような式で表されるという．

$$z = 100\sqrt{x^2+y^3} = 100 f(x,y) \tag{2.13}$$

座標 (1,2) を中心とする二次までのテイラー展開近似式を示し，それを用いて座標 $(x,y) = (1.02, 1.97)$ における標高を求めよ．さらに，その標高を実際の関数から求めた値と比較せよ（本例題は，五十嵐心一氏に提供していただきました）．

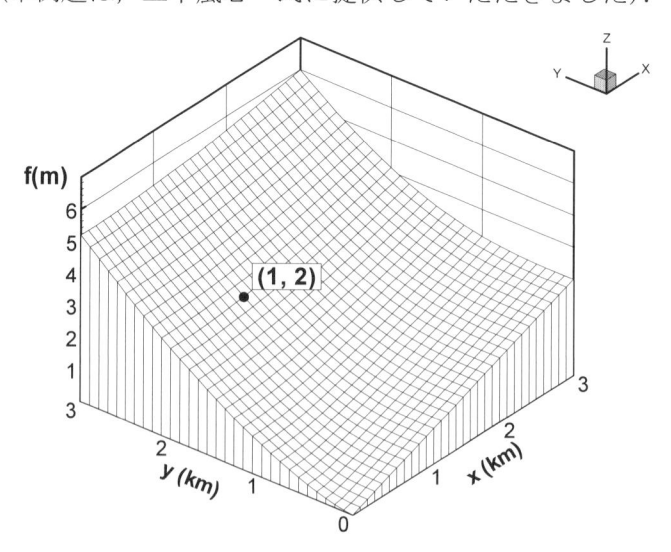

図 2.3　斜面の標高図

（解答例）二変数関数のテイラー展開は以下のように表せます．

$$f(x+\Delta x, y+\Delta y) \approx f(x,y) + \frac{\partial f}{\partial x}\Delta x + \frac{\partial f}{\partial y}\Delta y$$
$$+ \frac{1}{2}\frac{\partial^2 f}{\partial x^2}(\Delta x)^2 + \frac{\partial^2 f}{\partial x \partial y}\Delta x \Delta y + \frac{1}{2}\frac{\partial^2 f}{\partial y^2}(\Delta y)^2 \qquad (2.14)$$

まず，基準点における f および f の偏微分係数の値を求めると，以下のようになります．

$$f(x,y) = \sqrt{x^2+y^3} \quad \text{より} \quad f(1,2) = 3$$

$$\frac{\partial f}{\partial x} = \frac{x}{\sqrt{x^2+y^3}} \quad \text{より} \quad f_x(1,2) = \frac{1}{3}$$

$$\frac{\partial f}{\partial y} = \frac{3y^2}{2\sqrt{x^2+y^3}} \quad \text{より} \quad f_y(1,2) = 2,$$

$$\frac{\partial^2 f}{\partial x^2} = \frac{y^3}{(x^2+y^3)^{3/2}} \quad \text{より} \quad f_{xx}(1,2) = \frac{8}{27}$$

$$\frac{\partial^2 f}{\partial x \partial y} = \frac{-3xy^2}{2(x^2+y^3)^{3/2}} \quad \text{より} \quad f_{xy}(1,2) = -\frac{2}{9}$$

$$\frac{\partial^2 f}{\partial y^2} = \frac{12x^2y + 3y^4}{4(x^2+y^3)^{3/2}} \quad \text{より} \quad f_{yy}(1,2) = \frac{2}{3}$$

以上の結果と $\Delta x = 0.02$，$\Delta y = -0.03$ を式 (2.14) に代入すると，次のようになります．

$$f(1+0.02, 2-0.03)$$
$$\approx 3 + \frac{1}{3}(0.02) + 2(-0.03) + \frac{4}{27}(0.02)^2 - \frac{2}{9}(0.02)(-0.03) + \frac{1}{3}(-0.03)^2 = 2.94716$$

したがって，標高の近似値は約 294.72 m となります．

一方，座標値を直接関数に代入すると $f(1.02, 1.97) = 2.94716\cdots$ となり，この場合も標高は 294.72 m となります．すなわち，テイラー展開で二次近似した場合，この例では，値は五桁まで一致しています．

最後に，二変数関数のテイラー展開について，以下に示す一次近似式を用いてその図形的意味を確認しておきましょう．

$$f(x+\Delta x, y+\Delta y) \approx f(x,y) + \frac{\partial f}{\partial x}\Delta x + \frac{\partial f}{\partial y}\Delta y \qquad (2.15)$$

図 2.4 の上段は，x 方向の関数の変化を，中段は y 方向の変化を一次近似して模式的に表したものです．式(2.15)の形からわかるように，上段・中段を加え合わせたものが，$\Delta f = f(x+\Delta x, y+\Delta y) - f(x,y)$ の近似値を表します．

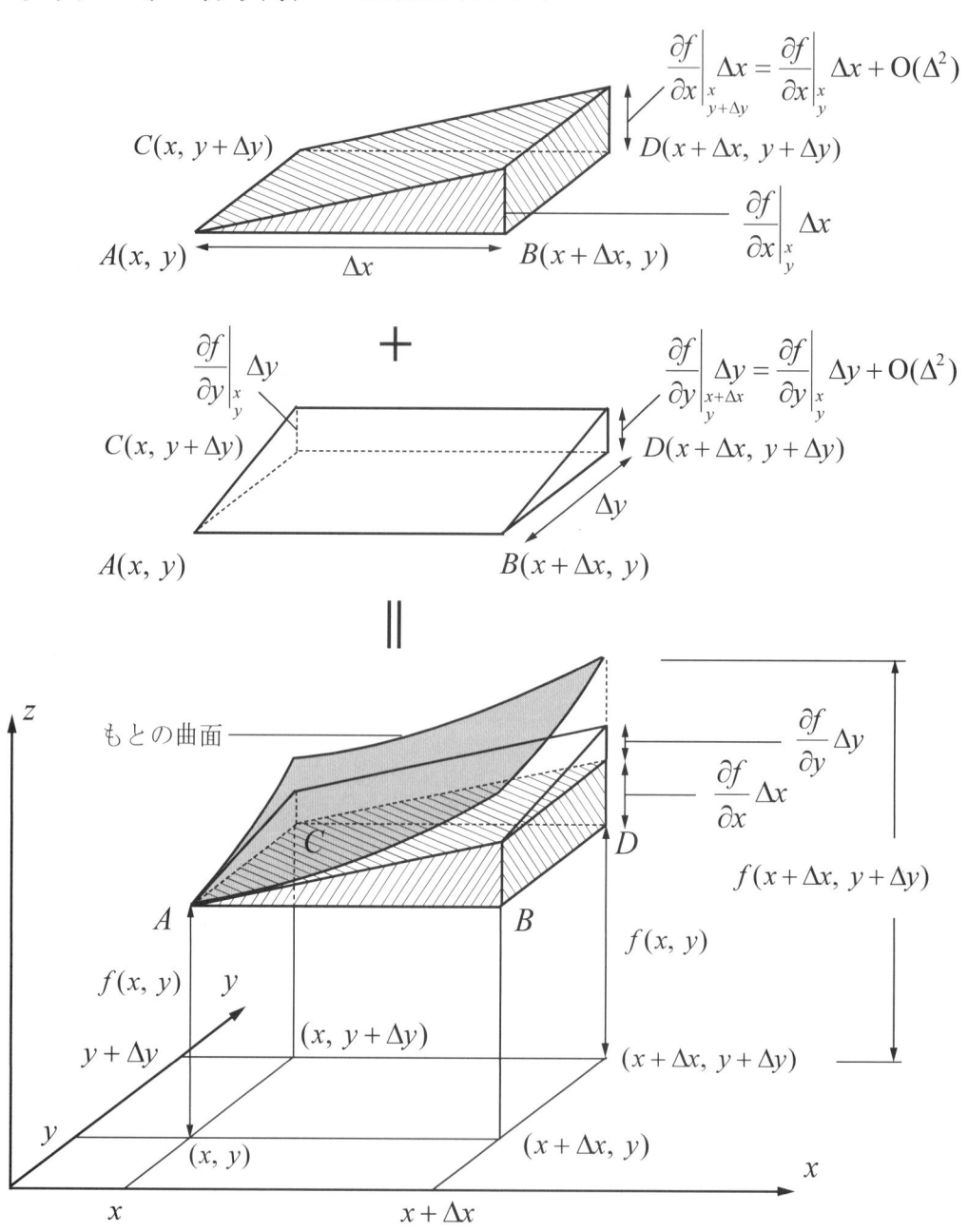

図 2.4 二変数テイラー展開（一次近似）の模式図

演習課題

A. 学習事項に対するイメージの把握＋記述能力向上を目指したトレーニング

A2.1 図解あるいは箇条書き等を用いて，本章の学習内容のポイントを A4 用紙一枚にまとめて記述せよ．なお，説明用の図を必ず含めること．

B. 反復練習による習熟度の向上を目指したトレーニング

B2.1 以下の関数の偏微分係数（一階微分）を求めよ．
(1) $f(x,y) = xy^3$
(2) $f(x,y) = e^y \cos x$

B2.2 次の関数の偏微分係数（二階微分）を以下の手順にしたがって求めよ．

$f(x,y) = e^x \cos y$

(1) y を固定値とし，f を x で二階微分することにより f_{xx} を求めよ．
　　（f につけた下付きの添え字は，その変数に関する偏微分を表す．）

(2) x を固定値とし，f を y で二階微分することにより f_{yy} を求めよ．

(3) y を固定値とし，f を x で一階微分して f_x を計算し，さらに，x を固定値として，f_x を y で一階微分することにより，f_{xy} を求めよ．

B2.3 以下の関数をテイラー展開せよ．
(1) $f(x,y) = 1 - 0.2x^2 - 0.25y^2 + 0.5xy$ （$x=0, y=0$ まわりに二次まで）
(2) $f(x,y) = e^y \cos x$ （$x=0, y=0$ まわりに二次まで）

C. 総合的な英文読解力と学習内容の理解度向上を目指したトレーニング

C2.1 以下の英文を日本語に翻訳せよ．

The first partial derivatives of a function $f(x, y)$ with respect to the variables x and y are defined as follows:

$$f_x(x,y) = \lim_{h \to 0} \frac{f(x+h, y) - f(x,y)}{h}, \quad f_y(x,y) = \lim_{k \to 0} \frac{f(x, y+k) - f(x,y)}{k}$$

The partial derivative $f_x(a, b)$ is the rate of change of $f(x, y)$ with respect to x at $x = a$ while y is fixed at b. Similarly, $f_y(a, b)$ represents the rate of change of f with respect to y at $y = b$ with x is fixed at a.

（注）partial derivative : 偏微分係数, function : 関数, with respect to : 〜に関する,
　　 variable : 変数, rate of change : 変化率

演習問題解答例

A2.1 省略

B2.1 (1) $\dfrac{\partial f}{\partial x} = y^3$, $\dfrac{\partial f}{\partial y} = 3xy^2$

(2) $\dfrac{\partial f}{\partial x} = -e^y \sin x$, $\dfrac{\partial f}{\partial y} = e^y \cos x$

B2.2 (1) $\dfrac{\partial f}{\partial x} = e^x \cos y$ を x で微分して, $\dfrac{\partial^2 f}{\partial x^2} = e^x \cos y$

(2) $\dfrac{\partial f}{\partial y} = -e^x \sin y$ を y で微分して, $\dfrac{\partial^2 f}{\partial y^2} = -e^x \cos y$

(3) $\dfrac{\partial f}{\partial x} = e^x \cos y$ を y で微分して, $\dfrac{\partial^2 f}{\partial y \partial x} = -e^x \sin y$

B2.3 (1) $f(x,y) \approx 1 - 0.2x^2 + 0.5xy - 0.25y^2$

(2) $f(x,y) \approx 1 + y - \dfrac{1}{2}x^2 + \dfrac{1}{2}y^2$

C2.1 変数 x, y に関する関数 $f(x,y)$ の一階偏微分係数は次のように定義される.

$$f_x(x,y) = \lim_{h \to 0} \frac{f(x+h, y) - f(x,y)}{h},$$

$$f_y(x,y) = \lim_{k \to 0} \frac{f(x, y+k) - f(x,y)}{k}$$

偏微分係数 $f_x(a,b)$ は, $y=b$ と固定したときの, $x=a$ における $f(x,y)$ の x 方向変化率である. 同様に, $f_y(a,b)$ は, $x=a$ と固定したときの, $y=b$ における $f(x,y)$ の y 方向変化率を表す.

第3章 斜め方向の変化率を調べる
＜二変数関数の方向微分＞

概要：水の流れは地形の影響を強く受け，その地点で傾斜が（下向きに）最も急な方向へ流れようとする傾向があります．第3章では，ある地形形状が与えられた時に，その斜め方向（任意方向）の変化率を求める方法を学習します．この関数の斜め方向変化率を調べる際に，第2章で学んだ偏微分とテイラー展開に関する知識が役立ちます．

キーワード：方向微分係数，全微分

予備知識：第2章で学習した二変数関数の偏微分，テイラー展開の知識を前提としています．具体的には，次の二項目が基礎知識として要求されます．
(1) 二変数関数の偏微分，テイラー展開の図形的イメージを理解していること
(2) 具体的な関数形が与えられた時，二変数関数の偏微分，テイラー展開の計算ができること

関連事項：第2章の内容を活用して議論が進められ，第4章へと発展します．

学習目標：以下の各項目を達成することが学習目標設定の目安となります．

> (1) 二変数関数の方向微分に対する図形的イメージを理解する．
> (2) 二変数関数の方向微分式を書き下せるようになる．
> (3) 二変数関数の方向微分の値を計算できるようになる．

要望：以下のような感覚や習慣を育むきっかけとして，この教材が少しでも役立つことを期待しています．

- 数学の講義で学んだ知識を応用することで，身近な現象の予測や解釈ができることを感覚的につかむ．
- 数式の持つ図形的意味を探りながら，視覚的に考えることを習慣付ける．
- 新しい技術を身に付けようとする過程では，まず具体的な事例にあたってイメージをつかみ，次にその経験を一般化することを習慣付ける．

これまで出来なかったことを，一つずつできるようにする！

3.1 氾濫水の運動：等高線と直交する方向とは？

1934年（昭和9年）7月12日，梅雨前線の停滞による集中豪雨のため，富山県黒部川では，愛本地区での最大流量が 3,060(m^3/s) と，警戒流量を大幅に超過する大洪水が発生しました．このとき，若栗堤（宇奈月町大橋），大布施堤（黒部市出島），新屋堤（宇奈月町浦山新），下立堤（宇奈月町下立）などが破堤し，死者7人，負傷者133人，倒半壊116戸，床上浸水755戸の被害を記録しています．写真3.1は，その時の被災状況の一例を示したものです．最初の写真は氾濫流による鉄道路線（北陸線）の被害を記録したものです．もう一枚は，北陸線盛土の破壊により一気に流れ込んだ氾濫流により北陸線脇の小学校校舎が傾いた様子を示しています．

　図3.1は，洪水の際の破堤，氾濫状況を示したものです．破堤個所は，図中に×印で記されており，左岸の三箇所，右岸の一箇所が確認できます．氾濫流は，緩勾配区間では拡散する傾向にありますが，基本的に，等高線に対して直交方向に流下していることがわかります．

(a) 北陸線線路の被害

(b) 公共構造物の被災

写真3.1　1934年（昭和9年）黒部川氾濫による被災
（写真提供：国土交通省北陸地方整備局）

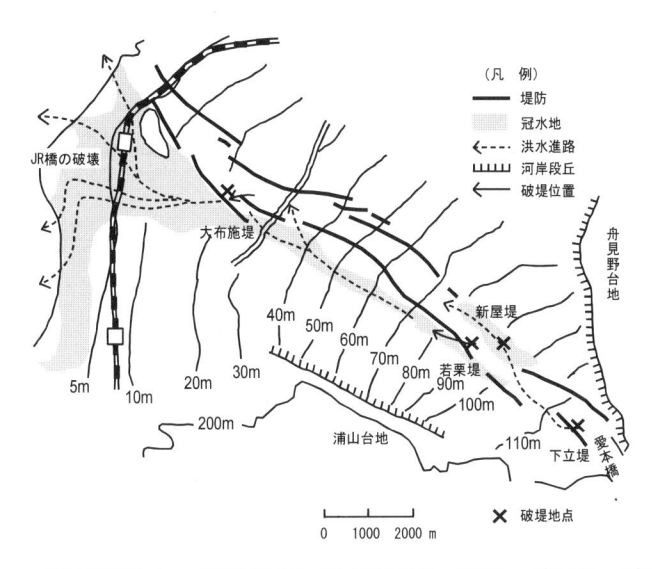

図 3.1 黒部川洪水の氾濫状況（入善町誌に加筆・修正して転載）

さて，等高線と直交する方向とはどんな方向でしょうか？ 答えは，"傾斜が（下向きに）最も急な方向（最急降下方向）"です．第 3 章および第 4 章では，任意の方向の傾斜を数学的に計算する方法や，最急勾配の方向の求め方などを学びます．また，この知識を応用して簡単な氾濫予測計算を試みることとします．

3.2 斜め方向の変化と二変数テイラー展開

前節では，"氾濫流方向≈等高線と直交する方向＝傾斜が最も急な方向"と説明しました．まず，図 3.2 に示した A, B, C, D 点の標高値とその距離を用いて，東西方向（AB 方向），南北方向（AC 方向），氾濫流方向（AD 方向）の傾斜度を概算してみましょう．

（標高）A 点＝60m，B, C, D 点＝40m

（投影面内での水平距離）AB ≈ 1,800m， AC ≈ 2,500m， AD ≈ 1,500m

（平均勾配＝標高差／水平距離）　AB 間＝(60−40)/1800＝0.011
AC 間＝(60−40)/2500＝0.008
AD 間＝(60−40)/1500＝0.013

上記の結果によれば，平均勾配は AC＜AB＜AD の順で急勾配になっています．すなわち，この三区間では，確かに，氾濫方向が最も急勾配となっています．

ここで，前節で説明した二変数関数のテイラー展開の有効性をチェックしてみましょう．今，標高を h で表し，東西方向を x 軸，南北方向を y 軸に取ります．点 A における x 方向の傾斜率を AB 間の平均勾配で，y 方向の傾斜率を AC 間の平均勾配で，それぞれ見積もると以下のようになります．

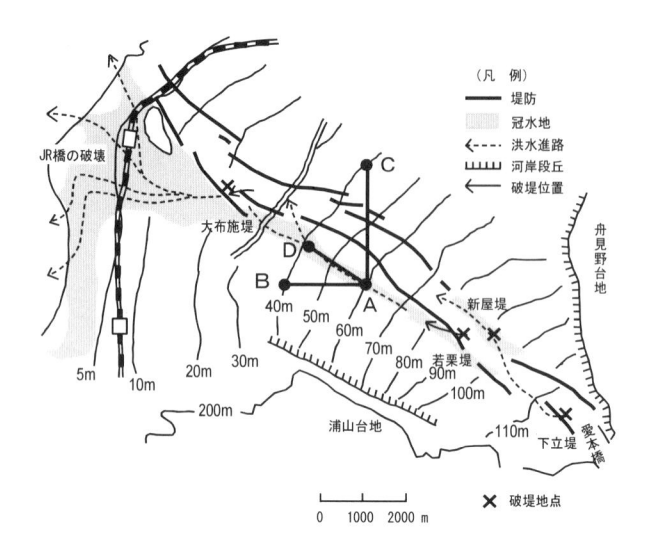

図 3.2　黒部川昭和 9 年洪水の氾濫状況（入善町誌に加筆・修正して転載）

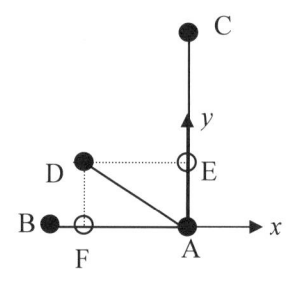

図 3.3　投影面内における点 E，F の位置

$$\left(\frac{\partial h}{\partial x}\right)_A \approx 0.011, \qquad \left(\frac{\partial h}{\partial y}\right)_A \approx -0.008$$

上記二番目の式のマイナス符号は，y が増加すると標高が下がるということを考慮したものです．また，図 3.3 のように E 点，F 点を取ると，AE 間および AF 間の水平距離は，地図上から，AE≈800m，AF≈1300m と読み取れます．したがって，テイラー展開による D 点の標高の概算値は，次のようになります．

$$\begin{aligned}
h_D &\approx h_A + \left(\frac{\partial h}{\partial x}\right)_A dx + \left(\frac{\partial h}{\partial y}\right)_A dy \\
&= 60.0 + 0.011 \times (-1300) + (-0.008) \times 800 \\
&= 60.0 - 14.3 - 6.4 = 39.3 \quad \text{m}
\end{aligned} \qquad (3.1)$$

上記で，$dx=-1300$ とマイナス符号がついているのは，点 D が x 軸の負の方向に位置するためです．実際の値は標高 40m ですから，テイラー展開による予測値は，かなり良い一致を示していることになります．

3.3 方向微分係数と全微分

(x, y)の関数$h(x, y)$に対して，図3.4に示すような点Pにおける，"PQ方向の変化率"を求めることを考えます．まず，点Qにおけるhの値，すなわち，$h(x+dx, y+dy)$をテイラー展開を用いて表すと，次のようになります．

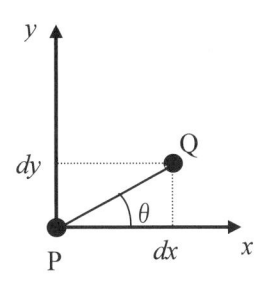

図3.4 投影面（水平面）内における P,Q の位置関係

$$h_Q = h(x+dx,\ y+dy) \approx h_P + \left(\frac{\partial h}{\partial x}\right)_P dx + \left(\frac{\partial h}{\partial y}\right)_P dy \tag{3.2}$$

上式で，h_Pを左辺へ移項し，両辺をPQ間の水平距離$\sqrt{dx^2+dy^2}$で除すと，次式を得ます．

$$\frac{(h_Q - h_P)}{\sqrt{dx^2+dy^2}} = \frac{dx}{\sqrt{dx^2+dy^2}}\left(\frac{\partial h}{\partial x}\right)_P + \frac{dy}{\sqrt{dx^2+dy^2}}\left(\frac{\partial h}{\partial y}\right)_P \tag{3.3}$$

ここで，各項の意味を考えて見ましょう．

(1) 左辺の項＝（標高差）／水平距離＝PQ方向の傾斜（変化率）

(2) 右辺第一項，第二項の係数は，PQ方向とx軸の正の方向とのなす角をθとして、次式で表されます（図3.5参照）．

$$\frac{dx}{\sqrt{dx^2+dy^2}} = \cos\theta, \quad \frac{dy}{\sqrt{dx^2+dy^2}} = \sin\theta \tag{3.4}$$

$$\boxed{(x\text{軸から角度}\theta\text{方向における関数}h\text{の変化率}) = \cos\theta\left(\frac{\partial h}{\partial x}\right) + \sin\theta\left(\frac{\partial h}{\partial y}\right)} \tag{3.5}$$

このように，ある**関数の特定方向の変化率を表したものを方向微分係数**と呼びます．方向微分係数は，以下のように定義されます．

（関数 $h(x,y)$ の θ 方向の方向微分係数）
$= \cos\theta \times$ （x 方向の偏微分係数）$+ \sin\theta \times$ （y 方向の偏微分係数） (3.6)

上式は，"x 方向の関数の変化率（偏微分係数）と y 方向の関数の変化率（偏微分係数）がわかれば，すべての方向の変化率を計算できる"ということを意味しています．

さて，もう一度，式 (3.2) に立ち返って考えます．P 点から Q 点へ移動した際の関数の変化量（増分）を dh で表すと，式 (3.2) は，次のように書き換えることができます．

$$dh = h(x+dx,\ y+dy) - h(x,y) \approx \left(\frac{\partial h}{\partial x}\right)dx + \left(\frac{\partial h}{\partial y}\right)dy \tag{3.7}$$

dh を関数 $h(x,y)$ の**全微分**，式 (3.7) を全微分公式と呼びます．これは，図形的には曲面 $h(x,y)$ に対する接平面の式を表しています．式 (3.7) を言葉で表現すると，式 (3.8) となります．

（関数の増分）≈ （x 方向の偏微分係数）× （x 方向の増分）
　　　　　　＋（y 方向の偏微分係数）× （y 方向の増分） (3.8)

式 (3.7) を用いることにより，x 方向の関数の変化率（偏微分係数）と y 方向の関数の変化率（偏微分係数）が既知であれば，すべての方向の増分を計算することができます．

3.4 方向微分係数の計算例

少し，具体例を追加しましょう．まず，第 2 章で扱った溶岩ドームの話を例に取って，方向微分係数について考えてみましょう．

（例題 3.1）ある時間における溶岩ドームの形状が次式で表されるものとします．

$$h(x,y) = 1 - 0.2x^2 - 0.25y^2 \tag{3.9}$$

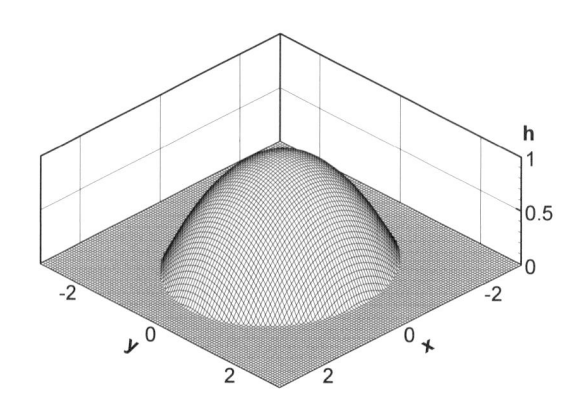

図 3.5　ドームのモデル形状

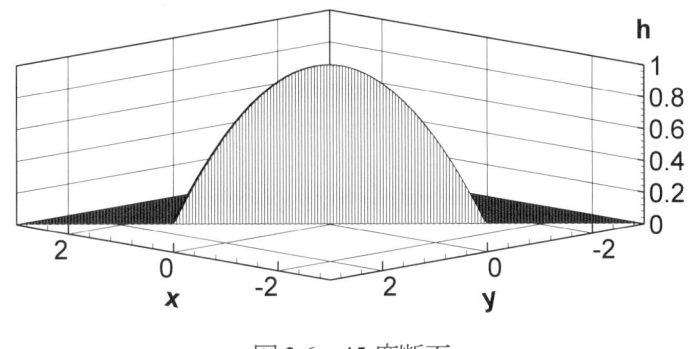

図3.6 45度断面

第2章では、この式を用いて、点 (1,1) での x 方向、y 方向の偏微分係数の値を求めました。ここでは、斜め45度方向の変化率と増分を求めてみましょう。

(1) $(x, y)=(1,1)$ における、$\theta = \pi/4\text{(rad)}=45$度 方向の方向微分係数を求めよ。

(解答例) $\dfrac{\partial h}{\partial x} = -0.4x$, $\dfrac{\partial h}{\partial y} = -0.5y$

$$\cos\theta\left(\frac{\partial h}{\partial x}\right) + \sin\theta\left(\frac{\partial h}{\partial y}\right) = \cos\left(\frac{\pi}{4}\right)\times(-0.4x) + \sin\left(\frac{\pi}{4}\right)\times(-0.5y)$$
$$= -0.2\sqrt{2}x - 0.25\sqrt{2}y$$

したがって、45度方向の方向微分係数の値は、次のようになる。

$$-0.2\sqrt{2}x - 0.25\sqrt{2}y = -0.45\sqrt{2} = -0.636$$

(2) $(x, y)=(1,1)$ から $(x, y)=(1.2, 1.2)$ の間の増分(全微分)を求めよ。

(解答例)

$$dh = h(1.2, 1.2) - h(1,1) \approx \left(\frac{\partial h}{\partial x}\right)dx + \left(\frac{\partial h}{\partial y}\right)dy = (-0.4x)dx + (-0.5y)dy$$
$$= (-0.4)\times 0.2 - 0.5\times 0.2 = -0.08 - 0.10 = -0.18$$

次の例題は、理想気体に関するものです。

(例題3.2) 1モルの理想気体の状態方程式は以下のように表される。

$$pV = RT \tag{3.10}$$

ここで、p:圧力、V:体積、R:気体定数、T:温度(絶対温度)である。

(1) 式 (3.10) より，体積 V を p と T の関数と考えた時，V の全微分 dV はどのように表されるか？

（解答例）
$$V = \frac{RT}{p} \text{ より, } \frac{\partial V}{\partial p} = -\frac{RT}{p^2}, \quad \frac{\partial V}{\partial T} = \frac{R}{p}$$

したがって，
$$dV = \frac{\partial V}{\partial p}dp + \frac{\partial V}{\partial T}dT = -\frac{RT}{p^2}dp + \frac{R}{p}dT$$

(2) 温度上昇による体積の増加率は体膨張率と呼ばれ，次式で表される．
$$\frac{1}{V}\frac{\partial V}{\partial T}$$

一方，圧力上昇による体積減少率は圧縮率と呼ばれ，次のように表される．
$$\left[-\frac{1}{V}\frac{\partial V}{\partial p}\right]$$

式 (3.10) で表される理想気体の体膨張率，圧縮率はそれぞれどのように表現されるか？

（解答例）
$$\text{体膨張率} = \frac{1}{V}\frac{\partial V}{\partial T} = \frac{1}{V} \times \frac{R}{p} = \frac{R}{pV} = \frac{R}{RT} = \frac{1}{T},$$

$$\text{圧縮率} = -\frac{1}{V}\frac{\partial V}{\partial p} = -\frac{1}{V} \times \left(-\frac{RT}{p^2}\right) = \frac{RT}{p^2V} = \frac{pV}{p^2V} = \frac{1}{p}$$

（本例題は　関平和氏に提供していただきました．）

演習課題

A. 学習事項に対するイメージの把握＋記述能力向上を目指したトレーニング

A3.1 　図解あるいは箇条書き等を用いて，本章の学習内容のポイントを A4 用紙一枚にまとめて記述せよ．なお，説明用の図を必ず含めること．

B. 反復練習による習熟度の向上を目指したトレーニング

B3.1 　二変数関数の方向微分および全微分の幾何学的イメージを図示せよ．

B3.2 　二変数関数の方向微分の式を書け．

B3.3 　二変数関数の全微分の式を書け．

B3.4 　次の関数の方向微分係数を求めよ．

(1) $f(x,y) = x^3 y$ 　（$(x,y) = (1,1), \theta = 60°$）

(2) $f(x,y) = \dfrac{y}{1+x}$ 　（$(x,y) = (1,1), \theta = 60°$）

(3) $f(x,y) = e^{xy}$ 　（$(x,y) = (1,1), \theta = 60°$）

(4) $f(x,y) = x \ln y$ 　（$(x,y) = (1,1), \theta = 60°$）（注：$\ln x$ は自然対数 $\log_e x$ を表す）

(5) $f(x,y) = \sqrt{x^2 + y^3}$ 　（$(x,y) = (1,1), \theta = 60°$）

C. 総合的な英文読解力と学習内容の理解度向上を目指したトレーニング

C3.1 　以下の英文を日本語に翻訳せよ．

Let $\boldsymbol{u}$ be a unit vector, namely,

$$\boldsymbol{u} = u\boldsymbol{i} + v\boldsymbol{j}, \quad \text{where } u^2 + v^2 = 1.$$

The directional derivative of $f(x, y)$ at (a, b) in the direction of $\boldsymbol{u}$ is then defined as

$$\lim_{h \to 0} \frac{f(a+hu, b+hv) - f(a,b)}{h}.$$

This represents the rate of change of $f(x, y)$ with respect to distance measured at (a, b) along a line in the direction of $\boldsymbol{u}$.

　（注）unit vector：単位ベクトル，directional derivative：方向微分係数

演習問題解答例

A3.1 省略

B3.1 省略

B3.2 （方向微分）（x軸から角度θ方向での関数hの変化率）$= \cos\theta\left(\dfrac{\partial h}{\partial x}\right) + \sin\theta\left(\dfrac{\partial h}{\partial y}\right)$

（全微分）　$dh = h(x+dx, y+dy) - h(x, y) \approx \left(\dfrac{\partial h}{\partial x}\right)dx + \left(\dfrac{\partial h}{\partial y}\right)dy$

B3.3
(1) $\dfrac{\partial f}{\partial x} = 3x^2 y, \dfrac{\partial f}{\partial y} = x^3$ より，$\cos 60° \times 3 + \sin 60° \times 1 = \dfrac{3}{2} + \dfrac{\sqrt{3}}{2} = \dfrac{3+\sqrt{3}}{2}$

(2) $\dfrac{\partial f}{\partial x} = \dfrac{-y}{(1+x)^2}, \dfrac{\partial f}{\partial y} = \dfrac{1}{1+x}$ より，

$\cos 60° \times \left(-\dfrac{1}{4}\right) + \sin 60° \times \dfrac{1}{2} = \dfrac{1}{2} \times \left(-\dfrac{1}{4}\right) + \dfrac{\sqrt{3}}{2} \times \dfrac{1}{2} = \dfrac{-1+2\sqrt{3}}{8}$

(3) $\dfrac{\partial f}{\partial x} = ye^{xy}, \dfrac{\partial f}{\partial y} = xe^{xy}$ より，$\cos 60° \times e + \sin 60° \times e = \dfrac{1}{2}e + \dfrac{\sqrt{3}}{2}e = \dfrac{1+\sqrt{3}}{2}e$

(4) $\dfrac{\partial f}{\partial x} = \ln y, \dfrac{\partial f}{\partial y} = \dfrac{x}{y}$ より，$\cos 60° \times \ln(1) + \sin 60° \times 1 = 0 + \dfrac{\sqrt{3}}{2} = \dfrac{\sqrt{3}}{2}$

(5) $\dfrac{\partial f}{\partial x} = \dfrac{1}{2}(x^2+y^3)^{-\frac{1}{2}} \times 2x, \dfrac{\partial f}{\partial y} = \dfrac{1}{2}(x^2+y^3)^{-\frac{1}{2}} \times 3y^2$ より，

$\cos 60° \times \dfrac{1}{2}(2)^{-\frac{1}{2}} \times 2 + \sin 60° \times \dfrac{1}{2}(2)^{-\frac{1}{2}} \times 3 = \dfrac{2+3\sqrt{3}}{4\sqrt{2}} = \dfrac{2\sqrt{2}+3\sqrt{6}}{8}$

C3.1 $\boldsymbol{u}$ を単位ベクトルとすると，$\boldsymbol{u}$ は次のように表せる．

$$\boldsymbol{u} = u\boldsymbol{i} + v\boldsymbol{j}, \quad \text{where } u^2 + v^2 = 1$$

この時，点 (a, b) における関数 $f(x, y)$ の $\boldsymbol{u}$ 方向の方向微分係数は次式で定義される．

$$\lim_{h \to 0} \frac{f(a+hu, b+hv) - f(a, b)}{h}$$

これは，点 (a, b) から，$\boldsymbol{u}$ 方向の直線に沿って測られた距離に対する関数 $f(x, y)$ の変化率を表す．

第4章 最急傾斜方向を求める
＜スカラー量の勾配＞

概要：水の流れは，一般に地形の影響を強く受け，その地点で下向きの傾斜が最も急な方向へ流れようとする傾向があります．第4章では，第3章で学んだ方向微分の知識を活用して，与えられた形状に対する最急傾斜方向を求める方法を学習し，初歩的な氾濫予測計算を試みます．

キーワード：勾配ベクトル，最急傾斜方向，方向微分係数

予備知識：第3章で学習した方向微分の知識を前提としています．
　　　　　(1) 方向微分の図形的イメージを理解していること
　　　　　(2) 具体的な関数形が与えられた時，方向微分係数の計算ができること
　　　　以上の二項目が基本となります．

関連事項：第1章から第3章で学習したことの総まとめとなります．

学習目標：以下の各項目を達成することが学習目標設定の目安となります．

---
　　(1) スカラー量 f に対する勾配ベクトルが最急傾斜方向を表すことを理解する．
　　(2) 関数 f の形が与えられた時，勾配ベクトル $\mathrm{grad}\, f$ を書き下せるようになる．
　　(3) 上記(1)，(2)の知識を応用して簡単な計算や考察ができるようになる．

要望：以下のような感覚や習慣を育むきっかけとして，この教材が少しでも役立つことを期待しています．

・数学の講義で学んだ知識を応用することで，身近な現象の予測や解釈ができることを感覚的につかむ．
・数式の持つ図形的意味を探りながら，視覚的に考えることを習慣付ける．
・新しい技術を身に付けようとする過程では，まず具体的な事例にあたってイメージをつかみ，次にその経験を一般化することを習慣付ける．

　　これまで出来なかったことを，一つずつできるようにする！

4.1 斜め方向の変化率：変化が最も急な方向とは？

第3章では，"x 方向の関数の変化率（偏微分係数）と y 方向の関数の変化率（偏微分係数）がわかれば，すべての方向の変化率（傾斜度）を計算できる"ということを学習しました．その結果をもう一度まとめておきましょう．

ある特定方向の関数の変化率を表したものを方向微分係数と呼び，その値は次の式で計算されます．

$$\boxed{(x \text{ 軸から角度 } \theta \text{ 方向の関数 } h \text{ の変化率}) = \cos\theta\left(\frac{\partial h}{\partial x}\right) + \sin\theta\left(\frac{\partial h}{\partial y}\right)} \quad (4.1)$$

さらに，例題1では，式(4.2)で与えられる溶岩ドーム形状を表す関数を例に取り，点 (1,1) における45度方向の方向微分係数を計算しました．

$$h(x, y) = 1 - 0.2x^2 - 0.25y^2 \quad (1 - 0.2x^2 - 0.25y^2 \geq 0) \quad (\text{注}4.1) \quad (4.2)$$

ここでは，点 (1,1) において角度 θ を 0 から 360 度まで変化させた時に，方向微分係数の値がどのように変化するかを計算してみましょう．

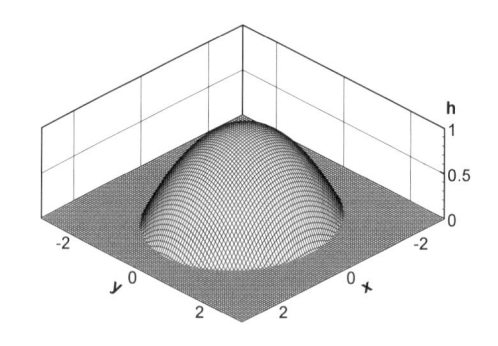

図 4.1 ドームの3次元形状

角度 θ 方向の方向微分係数を $q(\theta)$ とおくと，式(4.1)，(4.2)より次式が得られます．

$$\begin{aligned}
q(\theta) &= \cos\theta\left(\frac{\partial h}{\partial x}\right) + \sin\theta\left(\frac{\partial h}{\partial y}\right) \\
&= \cos\theta \times (-0.4x) + \sin\theta \times (-0.5y) \\
&= -0.4\cos\theta - 0.5\sin\theta
\end{aligned} \quad (4.3)$$

上式を用いて計算した結果は，図 4.2 のように表されます．図からわかるように $\theta = 230$ 度付近で最大値を，50 度付近で最小値を取っています．この方向が，'**最も傾斜が急な方向（上向き，下向き）**' ということになります．この方向を厳密に求めるためには，式(4.3)を θ で微分したものがゼロとなればよいことから，式(4.4)が得られます．

注4.1：以上，以下を表す記号として，本書では $\geq$ および $\leq$ を用いることとします．

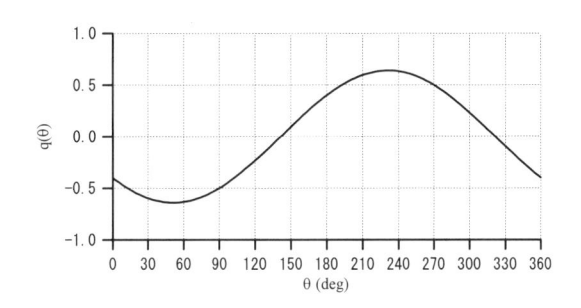

図 4.2　θと方向微分係数との関係

$$\frac{dq}{d\theta} = 0.4\sin\theta - 0.5\cos\theta = 0 \tag{4.4}$$

つまり，θは，以下のようになります．

$$\tan\theta = 1.25 \quad \Leftrightarrow \quad \theta = \tan^{-1}(1.25) \tag{4.5}$$

式 (4.4) の解のうち，$q(\theta) > 0$ のものが上向きの最急傾斜方向に，$q(\theta) < 0$ のものが下向きの最急傾斜方向にそれぞれ該当します．

4.2　最急傾斜方向とは？：勾配ベクトルの方向

前節の例を一般化してみましょう．関数 $h(x, y)$ の点 (x_0, y_0) における方向微分係数を $Q(\theta)$ とすると，$Q(\theta)$ は次式で表せます．

$$Q(\theta) = \cos\theta \left(\frac{\partial h}{\partial x}\right)_{\substack{x_0 \\ y_0}} + \sin\theta \left(\frac{\partial h}{\partial y}\right)_{\substack{x_0 \\ y_0}} \tag{4.6}$$

傾斜が最も急な方向では，$Q(\theta)$ を θ で微分したものがゼロとなることから，次式が得られます．

$$\frac{dQ}{d\theta} = -\sin\theta \left(\frac{\partial h}{\partial x}\right)_{\substack{x_0 \\ y_0}} + \cos\theta \left(\frac{\partial h}{\partial y}\right)_{\substack{x_0 \\ y_0}} = 0 \tag{4.7}$$

すなわち，θは次の式を満たすように決定されます．

$$\tan\theta = \frac{\sin\theta}{\cos\theta} = \frac{\left(\dfrac{\partial h}{\partial y}\right)_{\substack{x_0 \\ y_0}}}{\left(\dfrac{\partial h}{\partial x}\right)_{\substack{x_0 \\ y_0}}} \tag{4.8}$$

これが，関数 $h(x, y)$ の点 (x_0, y_0) における最急傾斜方向を与える式となります．

図 4.3 に示すように，最急傾斜（上向き）の方向を示すベクトルは，以下のように表されます．

$$\left(\frac{\partial h}{\partial x},\ \frac{\partial h}{\partial y}\right) \tag{4.9}$$

数学では、この最急傾斜（上向き）の方向を示すベクトルを勾配ベクトル(gradient vector)と呼んで，次のような記号で表します．

$$\mathrm{grad}(h) = \nabla h = \left(\frac{\partial h}{\partial x},\ \frac{\partial h}{\partial y}\right) \tag{4.10}$$

∇はナブラ (nabla) と読みます．勾配ベクトルの持つ性質として，次の二つが重要です．

> (1) 勾配ベクトルは，最急傾斜（増加・上昇）の方向を表す．
>
> (2) 勾配ベクトルは，等高線と直交する．

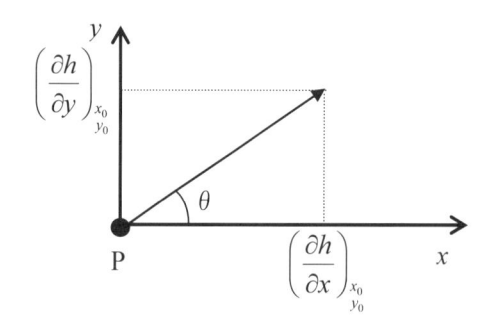

図 4.3　勾配ベクトル $\mathrm{grad} f$

（性質 2 の証明） 等高線に沿って移動すると標高は変わりません．つまり，等高線に沿った方向というのが，左右どちらの方向へ行くにしても傾斜の最も緩やかな方向です．勾配ベクトルは，逆に，最も傾斜のきつい方向ですから，等高線から最も速く離れる方向，つまり，等高線と直交方向になるというのは，直観的に考えても見当がつきます．

厳密には，次のように証明されます．点 P を通る等高線上で，x, y 方向に微小距離 dx, dy だけ離れた点を R とします．P と R は，同じ等高線上にありますから，$h_P = h_R$ です．一方，点 R での関数の値をテイラー展開で表すと，式 (4.11) を得ます．

$$h_R = h_P + \left(\frac{\partial h}{\partial x}\right)_P dx + \left(\frac{\partial h}{\partial y}\right)_P dy \tag{4.11}$$

上式を変形すると以下のようになります．

$$\left(\frac{\partial h}{\partial x}\right)_P dx + \left(\frac{\partial h}{\partial y}\right)_P dy = h_R - h_P = 0 \tag{4.12}$$

これは，勾配ベクトル

$$\mathrm{grad}\ h = \nabla h = \left(\frac{\partial h}{\partial x},\ \frac{\partial h}{\partial y}\right) \tag{4.13}$$

と PR 方向のベクトル (dx, dy)（R を P に無限に近づけたとき等高線方向のベクトルとなる）の内積がゼロとなること，つまり，両者が直交することを示しています．

先のドームの例について，等高線図と勾配ベクトルを合わせて表記したものを図 4.4 に示します．点 $(1,1)$ では，h の x 偏微分係数，y 偏微分係数ともに負となりますから，勾配ベクトルは左斜め下向きとなっています．

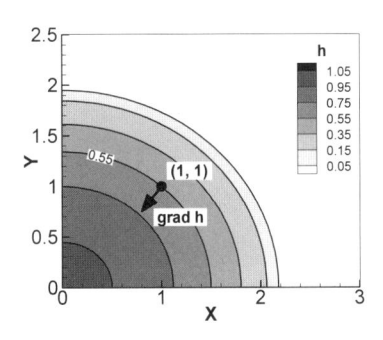

図4.4 ドーム表面の等高線図と勾配ベクトル

なお，下向きの最急傾斜方向（最急降下方向）は，最急上昇方向（＝勾配ベクトル方向）の 180 度反対方向になるので，次のように表されます．

$$最急降下方向 = -\mathrm{grad}\,h = -\nabla h = \left(-\frac{\partial h}{\partial x},\ -\frac{\partial h}{\partial y}\right)$$

空間三次元の場合の勾配ベクトルは，z 方向の成分がもう一つ増えて，次のようになります．

$$\mathrm{grad}(f) = \nabla f = \left(\frac{\partial f}{\partial x},\ \frac{\partial f}{\partial y},\ \frac{\partial f}{\partial z}\right) \tag{4.14}$$

たとえば，f が，ある建物の中の温度分布を表しているとすると，$\mathrm{grad}\,f$ は，注目している点において温度変化の最も激しい方向（上昇方向）を示し，その点で等温面（曲面）と直交します．

簡単な例を対象に，勾配ベクトルを計算してみましょう．

（例題１）次の二変数関数 f について，$\mathrm{grad}\, f$ を求めよ．また，$\mathrm{grad}\, f$ のベクトルは，f の等高線と直交することを示せ．

(1) $f(x, y) = 3x - y$

(2) $f(x, y) = 3x^2 + 3y^2$

（解答例）(1) $\mathrm{grad}\, f = (f_x, f_y) = (3, -1)$

一方，f の等高線は，$3x - y = a$（定数），つまり，$y = 3x - a$ と表されます．これは，(x, y) 面内で，傾きが 3 の直線であり，直線に沿った方向のベクトルは，$(dx, dy) = (1, 3)$ となります．このベクトルと $\mathrm{grad}\, f$ の内積を取ると，次式のようにゼロとなります．

$$\mathrm{grad}\, f \bullet (dx, dy) = (3, -1) \bullet (1, 3) = 3 - 3 = 0$$

したがって，内積がゼロであることから，$\mathrm{grad}\, f$ が f の等高線と直交することが導かれます．

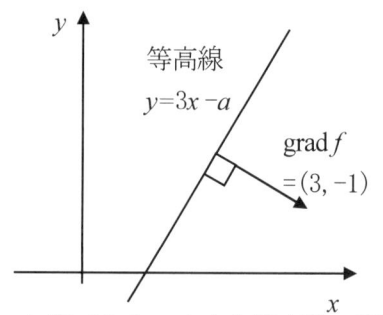

図 4.5 勾配ベクトル方向と等高線の関係

(2) $\mathrm{grad}\, f = (f_x, f_y) = (6x, 6y)$

ここで求められた f の勾配ベクトルは，原点から放射状に出る方向を示しています．一方，f の等高線は，$x^2 + y^2 = a$（定数）で表されます．これは，原点を中心とする同心円に対応するので，両者は直交することが図形的にも理解できると思います．

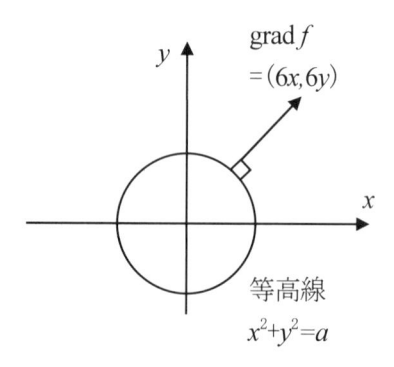

図 4.6 勾配ベクトル方向と等高線の関係

4.3 最急傾斜方向での変化率：勾配ベクトルの大きさ

第4.2節で，勾配ベクトルの方向が，最急傾斜方向を表すということを学習しました．ここで，勾配ベクトル grad f はベクトル量ですから，方向と"大きさ"を持つ量です．では，勾配ベクトルの大きさ（長さ）とは，何を表しているのでしょうか？　以下に考察してみましょう．

図4.7に示されるような最急傾斜方向（θ方向）の方向微分係数は，次のように表されます．

$$Q(\theta) = \cos\theta \left(\frac{\partial h}{\partial x}\right)_{x_0, y_0} + \sin\theta \left(\frac{\partial h}{\partial y}\right)_{x_0, y_0} \tag{4.15}$$

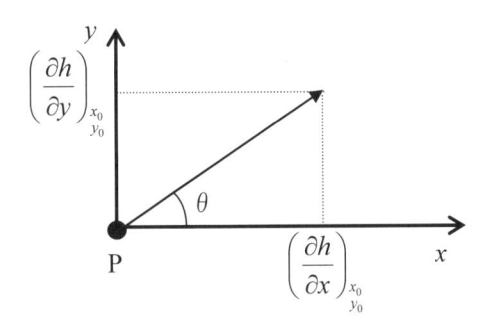

図4.7　勾配ベクトルの方向

ここで，

$$\cos\theta = \frac{\left(\dfrac{\partial h}{\partial x}\right)_{x_0, y_0}}{\sqrt{\left(\dfrac{\partial h}{\partial x}\right)^2_{x_0, y_0} + \left(\dfrac{\partial h}{\partial y}\right)^2_{x_0, y_0}}}, \quad \sin\theta = \frac{\left(\dfrac{\partial h}{\partial y}\right)_{x_0, y_0}}{\sqrt{\left(\dfrac{\partial h}{\partial x}\right)^2_{x_0, y_0} + \left(\dfrac{\partial h}{\partial y}\right)^2_{x_0, y_0}}} \tag{4.16}$$

を式(4.15)に代入することにより，次式を得ます．

$$Q(\theta) = \frac{\left(\dfrac{\partial h}{\partial x}\right)^2_{x_0, y_0} + \left(\dfrac{\partial h}{\partial y}\right)^2_{x_0, y_0}}{\sqrt{\left(\dfrac{\partial h}{\partial x}\right)^2_{x_0, y_0} + \left(\dfrac{\partial h}{\partial y}\right)^2_{x_0, y_0}}} = \sqrt{\left(\dfrac{\partial h}{\partial x}\right)^2_{x_0, y_0} + \left(\dfrac{\partial h}{\partial y}\right)^2_{x_0, y_0}} = |\,\mathrm{grad}\,h\,| \tag{4.17}$$

すなわち，次の関係が得られます．

最急傾斜方向の方向微分係数（関数の変化率）＝勾配ベクトルの大きさ（長さ）

以上のことから，次のように言えます．

> 勾配ベクトルの方向　＝　関数の最急傾斜（増加・上昇）方向
> 勾配ベクトルの大きさ　＝　最急傾斜方向での関数の変化率

4.4　勾配ベクトルの活用例：氾濫水の進行予測

ここまでの考察から，以下の点がわかってきました．

(1) 急流河川が形づくる扇状地においては，氾濫水は（基本的に）等高線と直交する方向に流下すると考えられること．

(2) 等高線と直交する方向は，標高 $h(x, y)$ の勾配ベクトル方向で与えられること．

本節では，勾配ベクトルに関する問題演習として，水の流下方向に関する初等的な予測計算をしてみましょう．

ある山岳地域の地形が，以下の式で表されるものとします（単位：km）．

$$h(x, y) = \frac{15}{5 + x^2 + 2y^2}$$

この地域内のある点 P1：$(x, y)=(2, 2)$ にある貯水池が増水して氾濫したと想定しましょう．氾濫水は等高線と直交方向に流下すると仮定して，この氾濫水の進行方向を近似的に求めてみることとします．

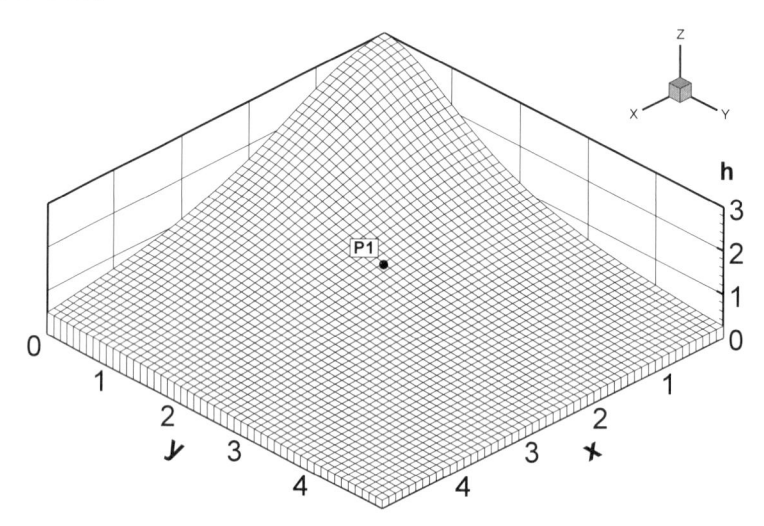

図 4.8　対象となる地形の概略図

まず，x および y 方向の偏微分係数を計算しておきます．

$$\frac{\partial h}{\partial x} = \frac{-30x}{\left(5+x^2+2y^2\right)^2}, \quad \frac{\partial h}{\partial y} = \frac{-60y}{\left(5+x^2+2y^2\right)^2}$$

したがって，勾配ベクトルは以下のように表せます．

$$\text{grad}\, h = \nabla h = \left(\frac{-30x}{\left(5+x^2+2y^2\right)^2}, \frac{-60y}{\left(5+x^2+2y^2\right)^2} \right)$$

これに $(x, y) = (2, 2)$ を代入し，小数点以下第2位まで求めると次のようになります．

$$\text{grad}\, h = \nabla h = (-0.21, -0.42)$$

氾濫水は，これと180度反対の方向に流下するとします．この時の流速が $V = |\text{grad}\, h|$ であると仮定すると（計算の便宜上の仮定です），氾濫水が単位時間あたりに進む距離は，x, y 方向のそれぞれについて，以下に示すように求められます．

$$(dx, dy)_{P1} = \left(-\frac{\partial h}{\partial x}, -\frac{\partial h}{\partial y} \right)_{P1} = (0.21, 0.42)$$

よって，氾濫水は，次式で与えられる地点 P2 へ進行します．

$$(x, y)_{P2} = (x, y)_{P1} + (dx, dy)_{P1} = (2+dx, 2+dy) = (2.21, 2.42)$$

さらに，地点 P2 からの氾濫水の進行を，地点 P1 の時と同様に解析すると，以下のようになります．

$$(dx, dy)_{P2} = \left(-\frac{\partial h}{\partial x}, -\frac{\partial h}{\partial y} \right)_{P2} = (0.14, 0.31)$$

$$(x, y)_{P3} = (x, y)_{P2} + (dx, dy)_{P2} = (2.35, 2.73)$$

これをさらに繰り返すと，

$$(dx, dy)_{P3} = \left(-\frac{\partial h}{\partial x}, -\frac{\partial h}{\partial y} \right)_{P3} = (0.11, 0.25)$$

$$(x, y)_{P4} = (x, y)_{P3} + (dx, dy)_{P3} = (2.46, 2.98)$$

および，

$$(dx, dy)_{P4} = \left(-\frac{\partial h}{\partial x}, -\frac{\partial h}{\partial y} \right)_{P4} = (0.09, 0.22)$$

$$(x, y)_{P5} = (x, y)_{P4} + (dx, dy)_{P4} = (2.55, 3.20)$$

と計算できます．この一連の軌跡を下に示す図4.9に記入して，氾濫水の進路予測経路を示しておきます（注4.2）．

注4.2：実際の氾濫予測は，浅水長波方程式と呼ばれる偏微分方程式を数値シミュレーションすることで実施されます．ここで行った予測解析の内容はあくまでも大まかな概略値を求めるためのものです．

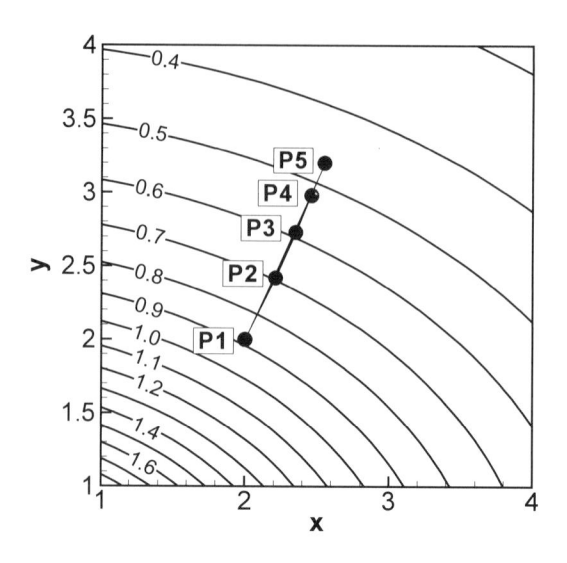

図 4.9　氾濫水の進路予測図

演習課題

A. 学習事項に対するイメージの把握＋記述能力向上を目指したトレーニング

A4.1　図解あるいは箇条書き等を用いて，本章の学習内容のポイントを A4 用紙一枚にまとめて記述せよ．なお，説明用の図を必ず含めること．

B. 反復練習による習熟度の向上を目指したトレーニング

B4.1　(x, y)の関数$f(x, y)$に対する勾配ベクトル $\mathrm{grad}\, f$ の式を記せ．

B4.2　勾配ベクトルの2つの特徴を記せ．

B4.3　下記に示す関数$f(x, y)$に対して，括弧内に示された点における $\mathrm{grad}\, f$ を求めよ．

(1) $f(x, y) = x^2 - 2y^3$　at　$(2, -1)$

(2) $f(x, y) = \dfrac{x+y}{x-y}$　at　$(1, -1)$

(3) $f(x, y) = \sin\left(\dfrac{x}{y}\right)$　at　$(\pi, 3)$

(4) $f(x, y) = e^{2xy}$　at　$(1, 0)$

(5) $f(x, y) = \dfrac{y}{x^2 + y^2}$　at　$(2, 1)$

(6) $f(x, y) = \ln(x^2 + y^2)$　at　$(1, 1)$

(7) $f(x, y) = \sqrt{1 + xy}$　at　$(2, 1)$

C. 総合的な英文読解力と学習内容の理解度向上を目指したトレーニング

C4.1　以下の英文を日本語に翻訳せよ．

Consider a function of two variables $f(x, y)$. At any point where the first partial derivatives of the function $f(x, y)$ exist, we can combine the first partial derivatives of a function into a vector function called a gradient.

$$\nabla f = \frac{\partial f}{\partial x}\vec{i} + \frac{\partial f}{\partial y}\vec{j}$$

where $\vec{i}$ and $\vec{j}$ denote the unit vectors (1,0) and (0,1) respectively.

(注) variable：変数，partial derivative：偏微分係数，vector function：ベクトル関数，gradient：勾配，unit vectors：単位ベクトル

演習問題解答例

A4.1 省略

B4.1 $\operatorname{grad} f = \left(\dfrac{\partial f}{\partial x}, \dfrac{\partial f}{\partial y}\right)$

B4.2 ・関数 $f(x,y)$ の最急傾斜方向を与える．

・関数 $f(x,y)$ の等高線と直交する．

B4.3 (1) $\dfrac{\partial f}{\partial x} = 2x$, $\dfrac{\partial f}{\partial y} = -6y^2$ より，点 $(2,-1)$ で，$\operatorname{grad} f = (4, -6)$

(2) $\dfrac{\partial f}{\partial x} = \dfrac{(x-y)-(x+y)}{(x-y)^2} = \dfrac{-2y}{(x-y)^2}$, $\dfrac{\partial f}{\partial y} = \dfrac{(x-y)+(x+y)}{(x-y)^2} = \dfrac{2x}{(x-y)^2}$

より，点 $(1,-1)$ で，$\operatorname{grad} f = (0.5, 0.5)$

(3) $\dfrac{\partial f}{\partial x} = \dfrac{1}{y}\cos\left(\dfrac{x}{y}\right)$, $\dfrac{\partial f}{\partial y} = -\dfrac{x}{y^2}\cos\left(\dfrac{x}{y}\right)$ より，点 $(\pi, 3)$ で，$\operatorname{grad} f = (1/6, -\pi/18)$

(4) $\dfrac{\partial f}{\partial x} = 2y\, e^{2xy}$, $\dfrac{\partial f}{\partial y} = 2x e^{2xy}$ より，点 $(1,0)$ で，$\operatorname{grad} f = (0, 2)$

(5) $\dfrac{\partial f}{\partial x} = \dfrac{-2xy}{(x^2+y^2)^2}$, $\dfrac{\partial f}{\partial y} = \dfrac{(x^2+y^2) - y\times 2y}{(x^2+y^2)^2} = \dfrac{x^2 - y^2}{(x^2+y^2)^2}$ より，

点 $(2,1)$ で，$\operatorname{grad} f = (-4/25, 3/25) = (-0.16, 0.12)$

(6) $\dfrac{\partial f}{\partial x} = \dfrac{2x}{x^2+y^2}$, $\dfrac{\partial f}{\partial y} = \dfrac{2y}{x^2+y^2}$ より，点 $(1,1)$ で，$\operatorname{grad} f = (1, 1)$

(7) $\dfrac{\partial f}{\partial x} = \dfrac{y}{2\sqrt{1+xy}}$, $\dfrac{\partial f}{\partial y} = \dfrac{x}{2\sqrt{1+xy}}$ より，点 $(2,1)$ で，$\operatorname{grad} f = \left(\dfrac{\sqrt{3}}{6}, \dfrac{\sqrt{3}}{3}\right)$

C4.1 二変数関数 $f(x,y)$ を考える．関数 $f(x,y)$ の一階偏微分係数が存在する任意の点において，一階偏微分係数を組み合わせて，勾配ベクトルと呼ばれるベクトル関数を作ることができる．

$$\nabla f = \dfrac{\partial f}{\partial x}\vec{i} + \dfrac{\partial f}{\partial y}\vec{j}$$

ここで，$\vec{i}$ および $\vec{j}$ は，単位ベクトル $(1,0)$ および $(0,1)$ をそれぞれ表す．

第5章　問題演習-1

概要：第1章から第4章では，世界の人口変動や地形の標高変化といった身近な事例を題材にして，関数のテイラー展開，方向微分，勾配ベクトル等を学んできました．本章では，具体的な問題演習を通じてその理解を深めていくことにします．

キーワード：テイラー展開，偏微分，方向微分，勾配ベクトル

予備知識：第1章から第4章で学習した内容を理解していることを前提としています．

関連事項：第1章から第4章で学習した内容を振り返って確認し，自分のものとして定着させるための章です．各項目を一つ一つしっかりと復習して下さい．

学習目標：以下の各項目を達成することが学習目標設定の目安となります．

> (1) テイラー展開を使って二変数関数の近似値を計算できる．
> (2) 二変数関数の方向微分や勾配ベクトルを計算できる．
> (3) 第1章から第4章で学習した知識を総合して簡単な考察ができる．

要望：以下のような感覚や習慣を育むきっかけとして，この教材が少しでも役立つことを期待しています．

- 数学の講義で学んだ知識を応用することで，身近な現象の予測や解釈ができることを感覚的につかむ．
- 数式の持つ図形的意味を探りながら，視覚的に考えることを習慣付ける．
- 新しい技術を身に付けようとする過程では，まず具体的な事例にあたってイメージをつかみ，次にその経験を一般化することを習慣付ける．

これまで出来なかったことを，一つずつできるようにする！

5.1 ダムからの放水速度

日本の多くのダムでは,貯水量の調整や下流域での利水のための放水が実施されています.本節ではこの放水時の水流速度に関連した例題を考えてみましょう.

写真 5.1　黒部ダムからの放水（写真提供　大井啓嗣氏）

（問）図 5.1 に示すように,ダム排水口と水面との垂直距離が h で与えられる場合,排水口から放出される水の流速は,トリチェリーの定理と呼ばれる次式で与えられます.

$$v(h) = \sqrt{2gh} \tag{5.1}$$

ここで,g は重力加速度（9.8 m/s^2）を表します.

たとえば,$h=h_0=10$m の場合,流速 v は式 (5.1) より 14m/s と求まります.陸上競技短距離の 100m 走世界記録が 10m/s 程度であることを考えるとかなりのスピードであることがわかります.

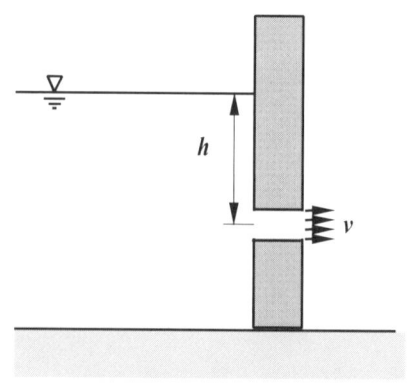

図 5.1　ダム排水の概念図

さて，降雨により水位が上昇して排水口と水面との距離が 11m になった時，つまり，$h=h_0+\Delta h=11\text{m}$ （$\Delta h=1\text{m}$）と水位が 1m 増加した時に，排水口から放出される水の流速をテイラー展開から求めてみましょう．

（解答例）

テイラー展開により放流水の流速 $v(h_0+\Delta h)$ を表すと次式のようになります．

$$v(h_0+\Delta h)=v(h_0)+\left.\frac{dv}{dh}\right|_{h_0}\Delta h+\frac{1}{2!}\left.\frac{d^2v}{dh^2}\right|_{h_0}(\Delta h)^2+\cdots+\frac{1}{n!}\left.\frac{d^nv}{dh^n}\right|_{h_0}(\Delta h)^n+\cdots \quad (5.2)$$

また，式(5.1)を h で微分すると，次のようになります．

$$\frac{dv}{dh}=\frac{1}{2}\sqrt{2g}\cdot h^{-\frac{1}{2}}=\sqrt{\frac{g}{2h}} \quad (5.3)$$

よって，流速に対するテイラー展開の一次近似式は，次のように表せます．

$$v(h_0+\Delta h)=v(h_0)+\left.\frac{dv}{dh}\right|_{h_0}\Delta h=v(h_0)+\sqrt{\frac{g}{2h_0}}\Delta h \quad (5.4)$$

上式に，$h_0=10\text{m}$，$\Delta h=1\text{m}$ を代入して計算すると，近似値として以下のように流速を求めることができます．

$$v(11)\approx v(10)+\left.\frac{dv}{dh}\right|_{h=10}\times 1=14.0+0.7=14.7 \quad (\text{m/s}) \quad (5.5)$$

なお，式(5.1)に $h=11\text{m}$ を代入すると，流速は 14.68…(m/s) となり近似値と真の値はほぼ一致していることが確認できます．

5.2 山間地測量

（問）山間地のある地域を測量した結果，標高 h が東西方向 x （東向きが正）および南北方向 y （北向きが正）の関数として近似的に表されることがわかっているとします．

$$h=\frac{x^2}{40}-\frac{y^2}{30}+\frac{xy}{20}+1 \quad (5.6)$$

このとき，以下の値を求めてみてください．

・A 地点 $(x,y)=(2.0,-2.0)$ km における東西方向および南北方向の斜面の傾き

・A 地点 $(x,y)=(2.0,-2.0)$ km における 45 度方向の方向微分係数

・A 地点 $(x,y)=(2.0,-2.0)$ km と B 地点 $(x,y)=(3.0,-1.0)$ 間の標高 h の増分（全微分）

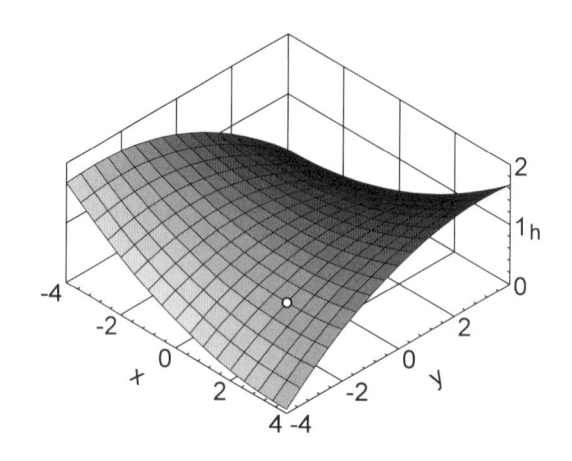

図 5.2　山間地地形の例

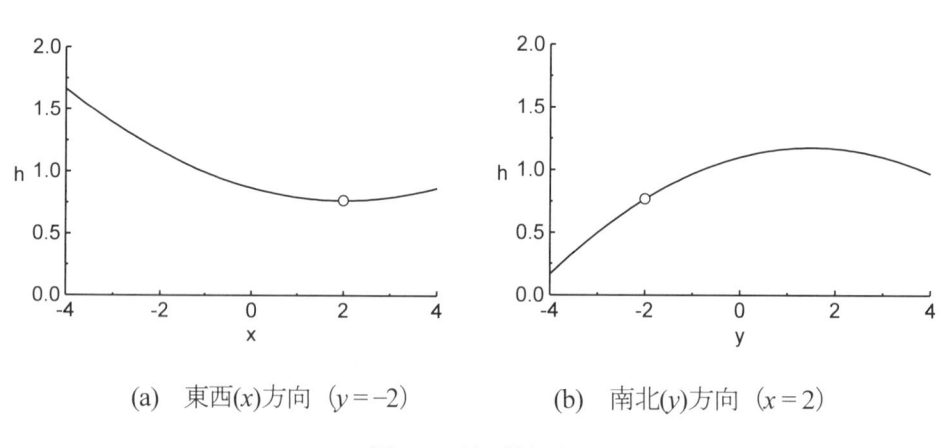

(a)　東西(x)方向　($y=-2$)　　　(b)　南北(y)方向　($x=2$)

図 5.3　地形断面図

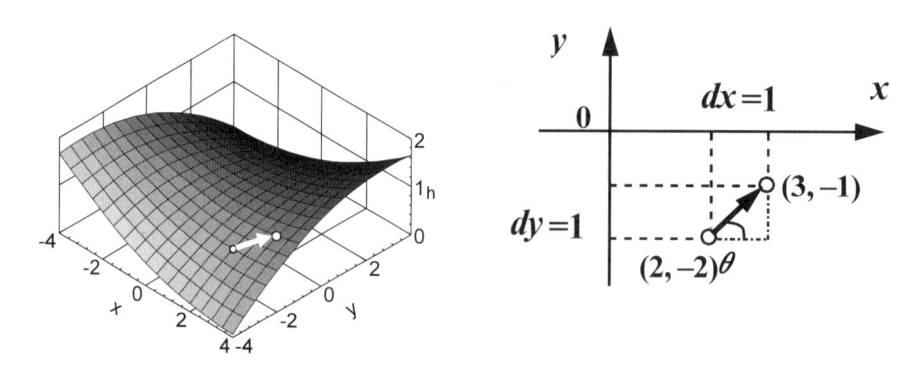

図 5.4　方向微分の方向および全微分の位置

(解答例)

ある地点における東西方向および南北方向の斜面の傾きは，式 (5.6) の x および y 方向の偏微分係数としてそれぞれ計算できます．まず，東西方向の傾きは，次式により表されます．

$$\frac{\partial h}{\partial x} = \frac{x}{20} + \frac{y}{20} \tag{5.7}$$

上式に，$(x, y) = (2.0, -2.0)$ を代入すると，A 地点での東西方向の傾きは次のようになります．

$$\left.\frac{\partial h}{\partial x}\right|_{(x,y)=(2,-2)} = 0 \tag{5.8}$$

一方，南北方向の傾きは，次式で表されます．

$$\frac{\partial h}{\partial y} = \frac{x}{20} - \frac{y}{15} \tag{5.9}$$

上式に，$(x, y) = (2.0, -2.0)$ を代入することにより，A 点での南北方向の傾きは，以下のように求められます．

$$\left.\frac{\partial h}{\partial y}\right|_{(x,y)=(2,-2)} = \frac{7}{30} \tag{5.10}$$

次に，方向微分係数の定義は次式のように表されます．

$$\cos\theta\left(\frac{\partial h}{\partial x}\right) + \sin\theta\left(\frac{\partial h}{\partial y}\right) \tag{5.11}$$

これより，A 点での 45 度 方向（$\theta = \pi/4\,\mathrm{rad}$）の方向微分係数は次のようになります．

$$\cos\left(\frac{\pi}{4}\right) \times 0 + \sin\left(\frac{\pi}{4}\right) \times \frac{7}{30} = \frac{\sqrt{2}}{2} \times \frac{7}{30} = \frac{7\sqrt{2}}{60} \tag{5.12}$$

また，全微分の定義式は以下のように表されます．

$$dh = h(x+dx,\ y+dy) - h(x,\ y) \approx \left(\frac{\partial h}{\partial x}\right)dx + \left(\frac{\partial h}{\partial y}\right)dy \tag{5.13}$$

これより，$(x, y) = (2.0, -2.0)$ と $(x, y) = (3.0, -1.0)$ の間の標高の増分（全微分）は，次のように計算できます．

$$dh \approx \left(\frac{\partial h}{\partial x}\right)_{(x,y)=(2,-2)} dx + \left(\frac{\partial h}{\partial y}\right)_{(x,y)=(2,-2)} dy \tag{5.14}$$
$$= 0 \times (3.0-2.0) + \frac{7}{30} \times \{-1.0-(-2.0)\} = \frac{7}{30}$$

5.3 配水場からの配水速度

配水場間あるいは貯水地間の管内を流れる水量を調整することは上水道の配管計画をするうえできわめて重要です．図 5.5 に示すように，二つの貯水用水槽 A および B（水位差 h）が，直径 D・長さ L の管で連結されている場合，管内を流れる水の流速 v は，次式により与えられます．

$$v = \sqrt{\frac{2gh}{1+f\frac{L}{D}}} \tag{5.15}$$

ここで，g は重力加速度（9.8 m/s^2），f は管の内壁面が水の流れに与える摩擦抵抗（水を流れにくくする効果）を表します．一般に，f の値は管径や管の材質の違いによって異なりますが，ここでは，管径が等しい同材質の管を利用した場合を考え，f を定数として扱います．

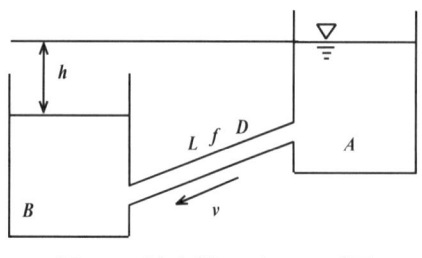

図 5.5 貯水槽のイメージ図

式 (5.15) を利用すると，たとえば，$D=0.05$m，$f=0.02$，$L=L_0=120$m および $h=h_0=5$m の場合，管内の流速は，以下のように求められます．

$$v = \sqrt{\frac{2 \times 9.8 \times 5.0}{1+0.02 \times \frac{120}{0.05}}} = \sqrt{2} \approx 1.41 \, (\text{m/s}) \tag{5.16}$$

（問）図 5.6 に示すように，$D=0.05$m，$f=0.02$，$L=L_0+\Delta L=121$m の配管で，貯水用水槽 A と水位差 $h=h_0=5$m で連結する貯水用水槽 C が建設されたとします．降雨により貯水用水槽 A の水位が上昇し $h=h_0+\Delta h=6$m となった場合に，貯水槽 A から貯水槽 C へ流れる水の流速をテイラー展開の一次近似から求めてみましょう．

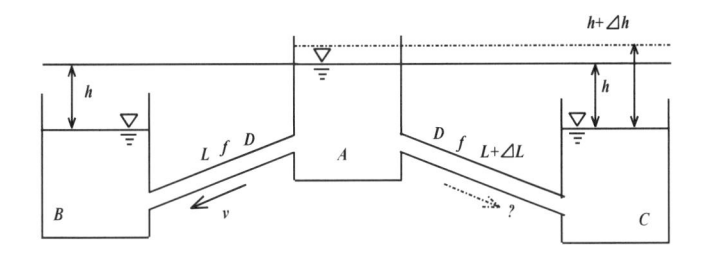

図 5.6 貯水槽 A,B,C のイメージ図

(解答例)

式 (5.15) 中の D および f が定数の場合，流速 v は，h および L の二変数関数として次のように記述できます．

$$v(h, L) = \sqrt{\frac{2gh}{1 + f\dfrac{L}{D}}} \tag{5.17}$$

まず，式 (5.17) を h および l で偏微分すると次のようになります．

$$\frac{\partial v}{\partial h} = \frac{1}{2}\sqrt{\frac{2g}{1 + f\dfrac{L}{D}}}\; h^{-\frac{1}{2}} \tag{5.18a}$$

$$\frac{\partial v}{\partial L} = -\frac{f}{2D}\sqrt{2gh}\left(1 + \frac{f}{D}L\right)^{-\frac{3}{2}} \tag{5.18b}$$

これを用いると，テイラー展開による一次近似式は以下のようになります．

$$v(h_0 + \Delta h, L_0 + \Delta L) \approx v(h_0, L_0) + \frac{1}{2}\sqrt{\frac{2g}{1 + f\dfrac{L_0}{D}}}h_0^{-\frac{1}{2}}\Delta h - \frac{f}{2D}\sqrt{2gh_0}\left(1 + \frac{f}{D}L_0\right)^{-\frac{3}{2}}\Delta L$$

$$\tag{5.19}$$

これに，$h_0=5$m，$\Delta h=1$m および $L_0=120$m，$\Delta L=1$m を代入して計算すると，次式のように流速の近似値が求められます．

$$v = v(5,120) + \frac{1}{2}\sqrt{\frac{2\times 9.8}{1+0.02\frac{120}{0.05}}} 5^{-\frac{1}{2}} \times 1 - \frac{0.02}{2\times 0.05}\sqrt{2\times 9.8 \times 5}\left(1+\frac{0.02}{0.05}120\right)^{-\frac{3}{2}} \times 1 \quad (5.20)$$

$$= 1.55 \text{ (m/s)}$$

なお，式 (5.17) に $h=6$，$L=121$ を直接代入して計算すると，流速は 1.54 m/s となり，近似値と真の値はほぼ一致していることが確認できます．

5.4 スキー場の斜面勾配

（問）あなたは，あるスキー場の斜面上の点 (a,b,c) に立っているとします．また，その斜面の形状は次の式により表されるとします．

$$h = (r^2 - x^2 - y^2)^{\frac{1}{2}} \quad (5.21)$$

a および b は正であるとして，以下の各場合にどの方向に向かえば良いでしょうか?

(1) あなたは上級スキーヤーであり，最も急な斜面方向（下り方向）に高速で滑降しようと考えています．どちらの方向に向かって滑るのが良いでしょうか．

(2) 斜面上方にあるロッジまでリフト代を節約して自力で上がりたいと思っています，しかし，一番急な方向に登るのは避けたいと考えています．どちらの方向を避けるべきでしょうか．

(3) 疲れたので高さの変化のない方向に歩いて行って，斜面横で休憩したいと思っています．この場合，どちらの方向に進めば良いでしょうか．

（本例題は五十嵐心一氏に提供していただきました．）

（解答例）

式 (5.21) を x および y で偏微分すると次のようになります．

$$\frac{\partial h}{\partial x} = \frac{-x}{\sqrt{r^2-x^2-y^2}} \quad , \quad \frac{\partial h}{\partial y} = \frac{-y}{\sqrt{r^2-x^2-y^2}} \quad (5.22\text{a,b})$$

したがって，点 (a,b,c) における勾配ベクトルは，次のように計算できます．

$$grad(h) = \begin{pmatrix} -\dfrac{a}{c} \\ -\dfrac{b}{c} \end{pmatrix} \tag{5.23}$$

この結果を用いると，上記 (1), (2), (3) で選択すべき方向は次のようになります．

(1) grad h は上向きの最急勾配を与えるので，これと反対方向に滑れば良いと考えられます．すなわち，$\vec{u} = (a, b)$ の方向に滑り出せば良いということになります．

(2) grad h の方向が最も急に高度が上がるので，$\vec{v} = (-a, -b)$ の方向を避ければ良いということになります．

(3) 高さ c を保ったまま移動する方向は，grad h と直交する方向です（図 5.7）．その方向のベクトルを $\vec{w} = (x, y)$ とすると，それが grad h と直交するためにはそれらの内積がゼロである必要があることから，次式が成り立つ必要があります．

$$\vec{w} \bullet grad(h) = -\dfrac{a}{c}x - \dfrac{b}{c}y = 0 \tag{5.24}$$

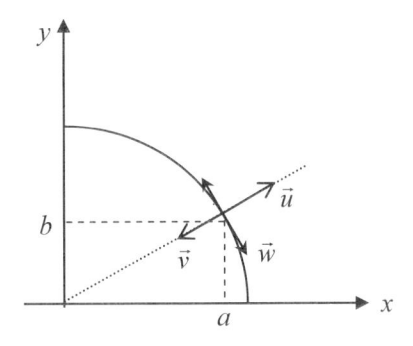

図 5.7 最急傾斜方向と等高線方向

式 (5.24) より，次の関係が得られます．

$$\dfrac{y}{x} = -\dfrac{a}{b} \tag{5.25}$$

したがって，この場合は，次式で与えられる方向へ進めばよいことになります．

$$\vec{w} = (b, -a) \tag{5.26}$$

あるいは，その反対の方向，すなわち，次式で表される方向へ進めばよいと判断できます．

$$\vec{w} = (-b, a) \tag{5.27}$$

写真 5.2　白馬山遠景（写真提供　大井啓嗣氏）

第2篇：実験・計測データの特徴を
定式化してみよう！

第6章 データの代表値を抽出する
＜平均値と標準偏差＞

概要：第2篇では，実験・調査データを有効に整理・活用することで，データの内部に潜んでいる特性を抽出する手法を学習します．第6章では，まず，データ全体を代表する値を抽出するということを主眼に，データの整理法を復習し，さらに，平均値，分散，標準偏差といった代表値の持つ意味とその算定法を学習します．

キーワード：度数分布，ヒストグラム，算術平均，分散，標準偏差

予備知識：予備知識として特に必要な事項はありません．

関連事項：第2篇の導入部分として，第7章以降の基礎となります．高校までの既習事項と重なる部分も多く，基本的事項の確認的意味合いも強くなりますが，これまで何となく見ていたことをもう一度自分なりに考え直す機会として学習を進めてください．

学習目標：以下の各項目ができるようになることが学習目標設定の目安となります．

> (1) データの代表値として，算術平均，分散，標準偏差の持つ意味を理解する．
> (2) 与えられたデータに対して，算術平均，分散，標準偏差の値を算出できる．
> (3) 度数分布表およびヒストグラムを用いて的確にデータ整理を行うことができる．

要望：以下のような感覚や習慣を育むきっかけとして，この教材が少しでも役立つことを期待しています．

- 数学の講義で学んだ知識を応用することで，身近な現象の予測や解釈ができることを感覚的につかむ．
- 数式の持つ図形的意味を探りながら，視覚的に考えることを習慣付ける．
- 新しい技術を身に付けようとする過程では，まず具体的な事例にあたってイメージをつかみ，次にその経験を一般化することを習慣付ける．

これまで出来なかったことを，一つずつできるようにする！

6.1 データの並び替え

自然科学の基本は，現象を観察・計測し，その中に潜む法則性を探り当てていくことではないでしょうか．これまで長い年月にわたって，様々な目的のために多くの実験・計測が実施され，その貴重な成果が蓄積されています．現在では，多くのデータはインターネット上で公開され，誰もがアクセスして利用できるような環境が整いつつあります．このように多種多様かつ大量のデータが取得できるようになった現代では，その**データを有効に活用し，意味のある情報を引き出していく**ということがこれまで以上に重要になってきます．

一般に，実験・計測から得られた生のデータは，そのままの形では内在する特性がつかみにくく，場合によっては単なる数値の羅列と感じられることもあります．このようなデータを統計的に処理し，的確な情報を引き出していく手法を順を追って学習してみましょう．ここでは，最初の例として身近なデータを例にとって説明していきます．

長期的・短期的な気象変動を把握・予測することは，地球環境問題を考える上で重要です．そのために世界各地で日々，着実にデータの取得とその活用が進められています．表6.1は，金沢市の3月の平均気温が，1960年代以降どのように変化してきたかを示したものです．全体にランダムに変動している様子は何となくつかめますが，この表のままでは特性を抽出するのは難しそうです．そこで，この表に示される気温データの簡単な整理法を考えてみましょう．最も簡単にできる事は，データをある意図のもとに並べ替えることでしょう．表6.1のデータを気温の低い順（昇順）に並べ替えてみた結果を表6.2に示します（注6.1）．単純な並べ替えをしてみるだけで，いくつかの情報を引き出すことができます．たとえば，過去41年間における3月の平均気温の**最低値**は2.7℃，**最高値**は9.0℃であること，また，並べ替えを行った時の**中央値（メジアン：順位が真ん中となる値）**は，6.3℃であること等です．

写真6.1　金沢城（写真提供　大井啓嗣氏）

注6.1：データの並び替えのことを英語ではsort（ソート）と呼びます．また，値の大きい順に並び替えることを降順に並び替える（ソートする）と言います．

表 6.1　3月の金沢市の月平均気温（金沢地方気象台：http://www.data.kishou.go.jp/）

年	1961	1962	1963	1964	1965	1966	1967	1968	1969	1970	1971
気温（℃）	6.2	6.1	5.0	5.4	4.7	7.3	6.9	6.5	5.4	2.7	5.0
年	1972	1973	1974	1975	1976	1977	1978	1979	1980	1981	1982
気温（℃）	6.8	5.6	5.3	5.6	6.1	6.7	5.7	6.7	5.7	6.2	7.2
年	1983	1984	1985	1986	1987	1988	1989	1990	1991	1992	1993
気温（℃）	6.4	3.5	6.4	5.9	6.5	5.6	7.6	8.0	7.0	7.3	6.2
年	1994	1995	1996	1997	1998	1999	2000	2001	2002	2003	
気温（℃）	5.4	7.2	6.3	7.8	7.7	8.3	6.5	7.0	9.0	6.3	

表 6.2　並べ替えの結果

順位	1	2	3	4	5	6	7	8	9	10	11
気温（℃）	2.7	3.5	4.7	5.0	5.0	5.3	5.4	5.4	5.4	5.6	5.6
順位	12	13	14	15	16	17	18	19	20	21	22
気温（℃）	5.6	5.7	5.7	5.9	6.1	6.1	6.2	6.2	6.2	6.3	6.3
順位	23	24	25	26	27	28	29	30	31	32	33
気温（℃）	6.4	6.4	6.5	6.5	6.5	6.7	6.7	6.8	6.9	7.0	7.0
順位	34	35	36	37	38	39	40	41	42	43	
気温（℃）	7.2	7.2	7.3	7.3	7.6	7.7	7.8	8.0	8.3	9.0	

6.2　度数分布とヒストグラム

次に表 6.2 をもとに，もう少しデータ整理を進めてみましょう．並べ替えの結果から，データは 2.7℃ から 9.0℃ の間に分布していること，また，中央値は 6.3℃ であることが分かっています．ここでは，データにある幅を持たせて階級分けすることを考えてみましょう．

データの階級は，多すぎても少なすぎても結果が見づらくなることを考慮し，ここでは，1℃ 刻みで階級分けを行ってみます．各階級の中心値が 3℃，4℃，5℃，…となるように考えると，対応する各階級の範囲は，2.5～3.5℃（2.5℃ 以上 3.5℃ 未満），3.5～4.5℃，……と設定できます．このように階級分けを行って，それぞれの階級に対応するデータが何個存在するのかを集計して整理した結果を表 6.3 に示します．

表 6.3　金沢市 3 月の平均気温の度数分布

気温（℃）	度数
2.5～3.5	1
3.5～4.5	1
4.5～5.5	7
5.5～6.5	15
6.5～7.5	13
7.5～8.5	5
8.5～9.5	1

このように，データを階級別に区分し，それぞれの階級にデータが登場する回数（度数）を整理して表示したものを**度数分布表**と呼びます．また，階級の中央値（ここでは，3℃，4℃，5℃,…）を**階級値**といいます．図6.1の度数分布に注目すると，5.5～6.5℃および6.5～7.5℃の気温の発生頻度が高いということが分かります．発生頻度の最も高い値つまり最も頻繁に現れる値のことを**最頻値（モード）**と呼びます．この**度数分布表を棒グラフの形で表示したものがヒストグラム**です（図6.1）．この図からは，データが対称的な分布をするのかそれとも非対称な分布をするのか，あるいは，分布の広がり具合はどうなのか，といった特徴を視覚的に捉えることができます．

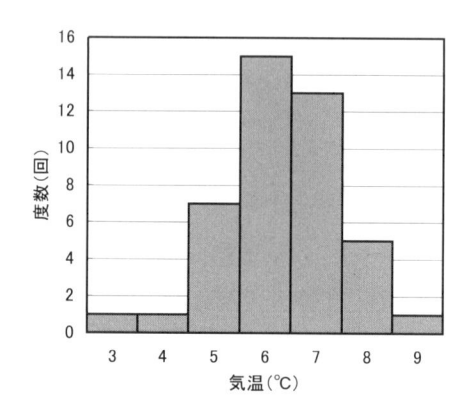

図6.1　3月の金沢市平均気温に関するヒストグラム

6.3　データ分布の重心：算術平均

次に，これらのデータ全体を代表する値を考えてみましょう．第6.1節の並び替えの結果から，過去41年間における3月の金沢市平均気温のデータにおいて，

$$最低値 = 2.7℃$$
$$最高値 = 9.0℃$$
$$中央値 = 6.3℃$$

であることを確認しています．これらもデータ分布を代表する値であり，有益な情報を与えてくれます．なお，**最高値と最低値の差のことをレンジ（範囲）**と呼びます．

次に思い浮かぶのは，41年間のデータの**平均値**ではないでしょうか．平均と一口に言いますが，実際には，それぞれのデータにどのような重みを付けるかにより，いくつかの異なった手法が考えられます．ここでは，年度ごとのデータに特に優劣はないので，すべてのデータを均等に重み付けして平均化した単純平均を考えれば良いでしょう（注6.2）．単純平均の算出法もいくつかのものが存在しますが（注6.3），ここでは，最もシンプルな**算術平均**を求めることにします．

注6.2：個々のデータに異なる重みを持たせて平均化する手法を加重平均と呼びます．

算術平均は，データの値をすべて加え合わせてデータの個数で割ることにより得られます．この場合，次のように計算できます．

$$T_a = \frac{6.2 + 6.1 + 5.0 + \cdots + 7.0 + 9.0 + 6.3}{43} \approx 6.3 \quad (\text{℃}) \tag{6.1}$$

この例では，分布形が左右対称に近いこともあり，算術平均値と中央値は少数点以下第一位まで一致する結果となりました．

統計的処理を行う場合，個々のデータの詳細ではなく，表 6.3 に示すような度数分布の形で資料が提示されることも良くあります．このような場合は各階級に含まれるデータはすべてその階級値を持つと仮定して，次のようにして平均値を求めればよいでしょう．

$$T_a = \frac{3 \times 1 + 4 \times 1 + 5 \times 7 + 6 \times 15 + 7 \times 13 + 8 \times 5 + 9 \times 1}{43} = \frac{272}{43} \approx 6.3 \quad (\text{℃}) \tag{6.2}$$

ここでは，式 (6.1) の値と小数点以下第一位まで同じとなりました．次に，この算術平均式 (6.2) の持つ図形的な意味を考えてみましょう．まず，式(6.2)を変形して，次のように表してみます．

$$3 \times 1 + 4 \times 1 + 5 \times 7 + 6 \times 15 + 7 \times 13 + 8 \times 5 + 9 \times 1 - 43 T_a = 0 \tag{6.3}$$

さらに上式を書き換えると，次のようになります．

$$\begin{aligned}(3-T_a) \times 1 + (4-T_a) \times 1 + (5-T_a) \times 7 \\ + (6-T_a) \times 15 + (7-T_a) \times 13 + (8-T_a) \times 5 + (9-T_a) \times 1 = 0\end{aligned} \tag{6.4}$$

図 6.1 に示したヒストグラムを見ながら考えてみてください．この式中の各項は，次のような形で表されています．

$$(\text{ヒストグラムの縦棒の中心位置} - \text{算術平均値}) \times (\text{縦棒の高さ}) \tag{6.5}$$

ここで，図 6.1 のヒストグラムを切り抜き，T=6.3 つまり算術平均の位置を支点として支えることをイメージしてみましょう．この時，式 (6.4) の各項は，算術平均値を支点とした場合の，個々の棒部分が持つモーメントに対応する形になっています．ヒストグラムを構成する 7 本の棒の持つモーメントを足し合わせるとゼロになるということは，すなわち，左右がうまくバランスして釣り合っているということです．この意味で，次のように言うことができます．

> **算術平均はデータ分布の重心を表す．**

以上吟味してきた特性によれば，算術平均は，データ分布を代表する値として大きな意味を持ち得ます．特に分布が対称に近い釣鐘型をしている時は，データの特性を良く集約

注 6.3：算術平均の他に，データを掛け合わせて個数乗根を取る幾何平均，データの逆数を利用して求める調和平均等の考え方等があります．

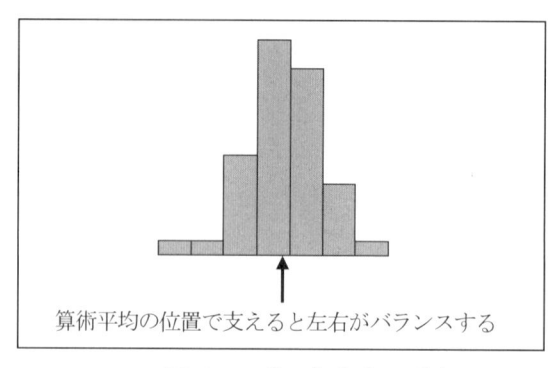

図6.2 データ分布の重心

した値と言えます．なお，中央値の図形的イメージとしては，ヒストグラムの面積を左右に2等分する位置を想定すれば良いでしょう．

ただし，算術平均も万能というわけではありません．算術平均だけを見ていると落とし穴もあります．一例として図6.3のような非対称の分布を取り上げてみましょう．このように右側に裾野が長い分布（正の非対称分布と呼ばれます：注6.4）は，所得分布等でよく現れてくる形として知られています．

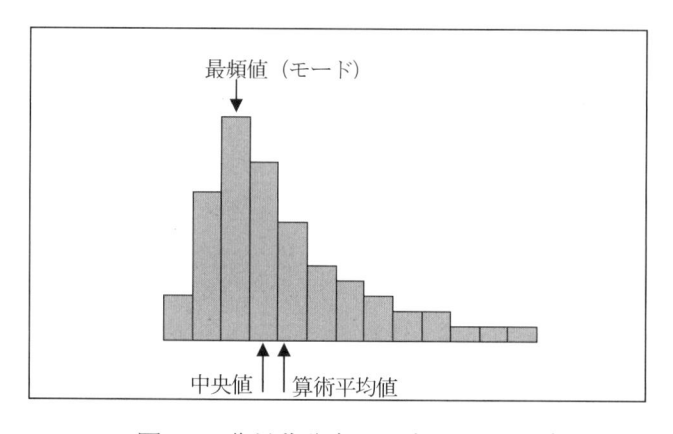

図6.3 非対称分布に対するイメージ図

このような非対称分布の場合，算術平均値は右端の方の大きな値を持つデータ（モーメントの足の長いデータ）に引っ張られる形で，分布の頂点よりもかなり右寄りに位置するようになります．結果として，算術平均値は大部分のデータよりも大きな値を取り，実感として予想される値とはかなり異なる印象を与える場合があります．このような場合には，中央値（メジアン）を用いるか，あるいは，より直観に近い値として，最頻値（モード）を代表値として採用した方が妥当となる場合もあります．算術平均という一つの値だけで

注6.4：逆に左側に裾野が長く伸びる非対称分布を負の非対称分布と呼びます．

なく, データの全体的な分布を意識する必要があることを心に留めておいて下さい. なお, 分布が対称に近い釣鐘型の場合には, 算術平均, 中央値, 最頻値はほぼ同じ値をとります.

6.4 データ分布のばらつき：分散と標準偏差

第 6.2 節では, データ分布の様子を定性的に把握するために, 度数分布表やヒストグラムを用いました. 一方, データ分布の中心を表す値としての算術平均や中央値は, 定量的な値として算出されました. 本節では, データ分布の特性を定量的に表現する指標値を考えていきます. ここでは, 説明を簡潔にするために, これまでに扱ってきた気温のデータに代わって, 仮想的に, 次に示す三つの積雪深のデータを考えて見ます.

ある三つの都市で, 同時刻に積雪深の測定を行ったとします. 測定は, それぞれの市について五箇所で行われ, 表 6.4 に示すような結果が得られたとしましょう.

表 6.4 A 市, B 市, C 市における積雪データ

市	積雪深(cm)				
	地点 1	地点 2	地点 3	地点 4	地点 5
A	28	22	26	24	25
B	21	33	32	19	20
C	45	48	12	10	10

前節では, データ分布の重心として算術平均を扱いました. そこで, 本節でも, まず積雪深データの算術平均を算出してみることにします. その結果は, 以下に示すとおりであり, 算術平均値だけを見ると三者とも同じ値を取ることになります.

$$\text{A 市}: \frac{28+22+26+24+25}{5} = 25 \text{ cm} \tag{6.6a}$$

$$\text{B 市}: \frac{21+33+32+19+20}{5} = 25 \text{ cm} \tag{6.6b}$$

$$\text{C 市}: \frac{45+48+12+10+10}{5} = 25 \text{ cm} \tag{6.6c}$$

次に個々の測定値を棒グラフの形で図 6.4 にプロットしてみましょう (注 6.5). なお, 算術平均値も図中に併せて示してあります.

図 6.4 をみると, 算術平均値は同じであっても, 平均値と個々のデータとの関連には大きな違いがあることが分かります. この例では, C 市＞B 市＞A 市 の順で, 平均値から離れた分布になっています. この点に着目し, 平均値に対して個々の測定値がどの程度離れているか, つまり, **データが平均値に対してどの程度ばらついた分布になっているかを定量的に表現する**ことを考えてみます.

(a) A市

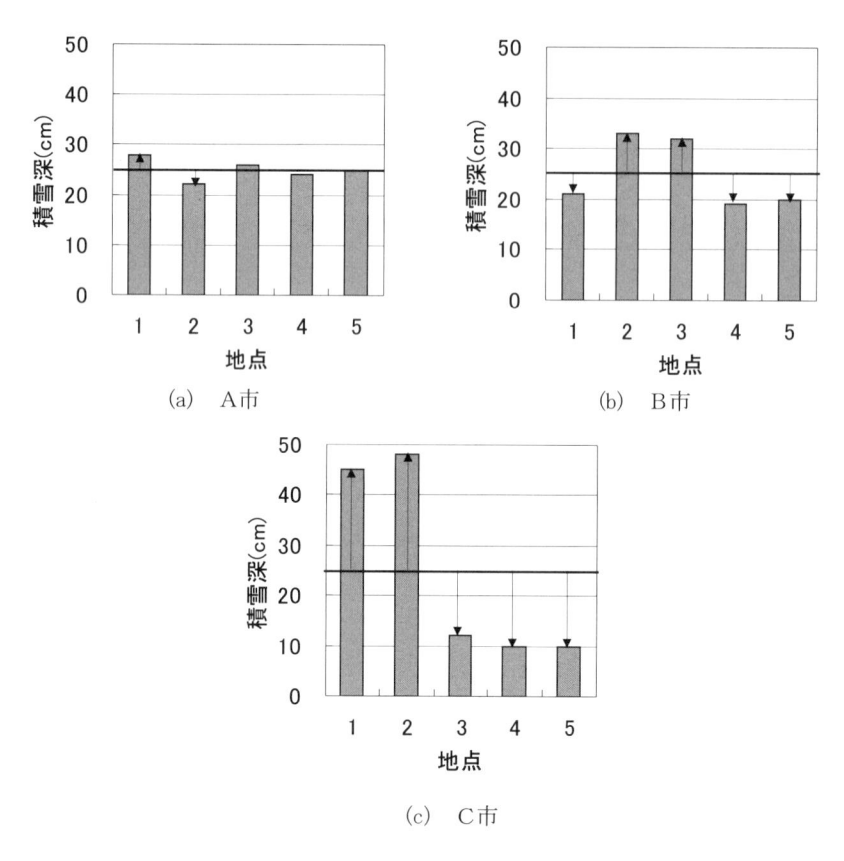

(b) B市

(c) C市

図 6.4　平均値と個々のデータの関係

　個々の測定データと平均値の差を偏差と言います．この偏差すなわち［各計測深−平均］の値を図 6.4 中に矢印で示しています．五地点のデータがあり，平均値からの偏差は各地点により異なるので，偏差の平均値によって，データのばらつきが表現できないか試してみましょう．まず，A市を例に計算してみます．その結果によると，算術平均の定義からすればある意味で当然とも言える帰結として，プラスとマイナスが相殺して偏差の平均値はゼロになります．

$$\frac{(28-25)+(22-25)+(26-25)+(24-25)+(25-25)}{5}$$
$$=\frac{28+22+26+24+25}{5}-25=25-25=0 \tag{6.7}$$

B市，C市についても同様で，偏差そのものの平均値は必ずゼロになり，この値では分布のばらつきを表現することはできません．偏差の符号を考慮してもう少し工夫してみることが必要です．

注 6.5：図 6.4 はヒストグラムではなく，個々の測定値を棒の高さで示したものです．

符号の正負が問題となるのなら，絶対値を取ってばらつきの符号が正になるように統一すればよいという考え方があります（平均偏差）．これは，妥当なアイデアだと思いますが，絶対値関数 $|x|$ は，$x=0$ で不連続的に折れ曲がった変化をし，微分法の適用が少し難しくなります．この点が，後々の考察の自由度を制限することになり，絶対値を取る手法は一般にあまり用いられていません．

　数学的な扱いが容易でかつばらつきの符号を正に統一するための考え方として，偏差の自乗（二乗）（注6.6）を取る手法が提案されています．この例について偏差の自乗を計算し，その平均を取ってみると，結果は以下のようになります．

$$\text{A市}: \frac{(28-25)^2+(22-25)^2+(26-25)^2+(24-25)^2+(25-25)^2}{5}=4.0\ \text{cm}^2 \quad (6.8\text{a})$$

$$\text{B市}: \frac{(21-25)^2+(33-25)^2+(32-25)^2+(19-25)^2+(20-25)^2}{5}=38.0\ \text{cm}^2 \quad (6.8\text{b})$$

$$\text{C市}: \frac{(45-25)^2+(48-25)^2+(12-25)^2+(10-25)^2+(10-25)^2}{5}=309.6\ \text{cm}^2 \quad (6.8\text{c})$$

　偏差の自乗平均の値は，C市＞B市＞A市　の順となり，予想される通り平均から離れた分布ほど大きな値を与えています．このように**偏差の自乗値に着目して，平均値に対するデータ分布のばらつきを定量的に評価する**手法が一般に広く用いられています．

　上の例で計算したように，**偏差の自乗平均（偏差の自乗に対する算術平均）を取ってデータのばらつきの程度（平均的なデータのばらつき具合）を表現する値を分散と呼びます**．その特性を以下に簡単にまとめておきます．

　分散 s^2 は，データの算術平均値に対してデータの分布がどの程度ばらついているかを示す指標値であり，一般に N 個のデータ $X_i (i=1\sim N)$，および，データの算術平均 $\overline{X}$ を用いて次式で計算されます．

$$s^2=\frac{1}{N}\sum_{i=1}^{N}(X_i-\overline{X})^2=\frac{(X_1-\overline{X})^2+(X_2-\overline{X})^2+(X_3-\overline{X})^2+\cdots+(X_N-\overline{X})^2}{N} \quad (6.9)$$

　先の例における積雪深の単位は（cm）でした．それでは，平均，分散の単位はどうなっていたでしょうか？　平均の場合には単位は元のデータと同じですが，分散の場合には，偏差を自乗して考えるために，単位は cm^2 となり，元のデータ単位の自乗となっています．

注6.6：二乗と表記する場合も多いのですが，本書では，より意味合いの明確な"自乗"という表記を用いることとします．

与えられたデータとの単位をそろえるため,分散のルートをとったものを標準偏差(一般にσで標記します)と呼びます.

標準偏差 σ は次式で計算されます.
$$\sigma = \sqrt{s^2} = s = \sqrt{\frac{1}{N}\sum_{i=1}^{N}(X_i - \overline{X})^2} \tag{6.10}$$

ちなみに,A市,B市およびC市の積雪深の標準偏差を計算すると以下のようになります.

$$A市:\sqrt{4.0} \approx 2.0 \text{ cm} \tag{6.11a}$$

$$B市:\sqrt{38.0} \approx 6.2 \text{ cm} \tag{6.11b}$$

$$C市:\sqrt{309.6} \approx 17.6 \text{ cm} \tag{6.11c}$$

写真 6.2 積雪風景(白川郷)(写真提供 大井啓嗣氏)

演習課題

A. 学習事項に対するイメージの把握＋記述能力向上を目指したトレーニング a

A6.1 図解あるいは箇条書き等を用いて，本章の学習内容のポイントを A4 用紙一枚にまとめて記述せよ．なお，説明用の図を必ず含めること．

B. 反復練習による習熟度の向上を目指したトレーニング

B6.1 N 個のデータ $x_i (i=1, 2, \cdots, N)$ が与えられたとき，データの分散 s^2 を求める式を示せ．ただし，データの平均を $\bar{x}$ とする．

B6.2 N 個のデータ $x_i (i=1, 2, \cdots, N)$ が与えられたとき，データの標準偏差 σ を求める式を示せ．ただし，データの平均を $\bar{x}$，分散を s^2 とする．

B6.3 自分の出身地の気温データをインターネットを通じて取得し，そのデータを用いて以下の設問に答えよ．
  (1) データの一覧を表形式にまとめ，さらに，度数分布表およびヒストグラムを作成せよ．
  (2) データの平均，分散および標準偏差を求めよ．

C. 総合的な英文読解力と学習内容の理解度向上を目指したトレーニング

C6.1 以下の英文を日本語に翻訳せよ．

The standard deviation is a measure of the dispersion of data in statistics. For a set of values $c_1, c_2, c_3, \cdots, c_n$, the mean value is given by

$$m = \frac{c_1 + c_2 + c_3 + \cdots + c_n}{n}$$

The deviation of each value is the difference from the mean $|m - c_i|$. The standard deviation is calculated as the square root of the mean of the squares of these deviations:

$$\sigma = \sqrt{\frac{1}{n} \sum_{i=1}^{n} (c_i - m)^2}$$

（注）standard deviation：標準偏差, measure：尺度，基準, dispersion：分散，散らばり具合, statistics：統計学, mean value：平均値, deviation：偏差, square root：平方根, square：自乗（平方）

演習問題解答例

A6.1 省略

B6.1 $\quad s^2 = \dfrac{1}{N}\sum_{i=1}^{N}(x_1-\bar{x})^2 = \dfrac{(x_1-\bar{x})^2+(x_2-\bar{x})^2+(x_3-\bar{x})^2+\cdots+(x_N-\bar{x})^2}{N}$

B6.2 $\quad \sigma = \sqrt{s^2} = s = \sqrt{\dfrac{1}{N}\sum_{i=1}^{N}(x_1-\bar{x})^2}$

B6.3 省略

C6.1 標準偏差は，統計学においてデータの散らばり具合を示す尺度である．一連のデータ $c_1, c_2, c_3, \cdots, c_n$ に対し，平均値は以下の式で与えられる．

$$m = \frac{c_1+c_2+c_3+\cdots+c_n}{n}$$

平均値と個々のデータ値との差が偏差 $|m-c_i|$ である．標準偏差は，これら偏差の自乗を平均したものの平方根として計算される．

$$\sigma = \sqrt{\frac{1}{n}\sum_{i=1}^{n}(c_i-m)^2}$$

第7章 データ分布の特徴を調べる
＜正規分布と標準偏差＞

概要：第6章では，データ分布を代表する値として，平均値，分散および標準偏差の意味を考えてきました．第7章では，自然界で見られるデータ分布の代表例として正規分布の特徴を学習します．また，平均値や標準偏差が正規分布と深い関係を持ち，データ分布に関する貴重な情報を得るのに有効であることを示します．

キーワード：正規分布，標準偏差，平均値，最確値，残差

予備知識：第6章で扱った標準偏差の概念や算出法を理解していることを前提とします．

関連事項：第6章で学習した平均値や標準偏差に関する学習をもう一歩発展させた内容になっています．最確値を考える際の考え方は，第7章で回帰直線を求める際の考え方に通じるものがあります．

学習目標：以下の各項目を達成することが学習目標設定の目安となります．

> (1) 誤差を含むデータ分布の特徴に対するイメージをつかむ．
> (2) 正規分布の持つ特性と平均値，標準偏差との関連を理解する．
> (3) 正規分布するデータに対して，(2)の知識を適用した考察が行える．

要望：以下のような感覚や習慣を育むきっかけとして，この教材が少しでも役立つことを期待しています．

・数学の講義で学んだ知識を応用することで，身近な現象の予測や解釈ができることを感覚的につかむ．
・数式の持つ図形的意味を探りながら，視覚的に考えることを習慣付ける．
・新しい技術を身に付けようとする過程では，まず具体的な事例にあたってイメージをつかみ，次にその経験を一般化することを習慣付ける．

これまで出来なかったことを，一つずつできるようにする！

7.1 誤差を含むデータの最確値

第1章から第5章において，何度か測量の話を例に取り上げてきました．実際の測量には誤差がつきものです．また，測定に誤差を伴うことは，自然科学全般にわたる実験・計測においても同様です．今，十分に多い数（理論的には無限回）の測量を繰り返し行い，ある山の高さを求めたとします．この時，測量**誤差の分布**は次のような特徴を持つと考えられます．

> (1) 小さい誤差の発生する確率は，大きい誤差の発生する確率よりも高い．
> (2) 真の値に対して，プラス側とマイナス側とで同じ大きさの誤差が発生する確率は等しい．
> (3) 非常に大きな誤差は発生しない．

こうした特徴を持つ土地測量のデータを対象として，ドイツの数学者ガウスは，ガウスの誤差理論と呼ばれる理論体系を確立しました．一般に正規分布と呼ばれているものがそれに相当します．ここでは，このような誤差の分布を例にとって誤差理論を検証してみましょう．

本来、真に正しい山の標高値は唯一存在するはずです．しかしながら，実際に山の高さを測量により求めようとすると，測量時の誤差の混入を避けることは困難で，どれほど精密な測定を繰り返したとしても真に正しい値を知ることは厳密には不可能です．測量により得られるものは，あくまで近似値ということになります．現実の測定・計測においては，一つの量に関して複数回の測定を行い，それらの測定値の中から最も確かと考えられる値を求めるしかないとも言えます．この値を**最確値**と呼びます．

最確値と個々の測定値との差を**残差**と呼びます（注7.1）．**最確値の求め方として，残差をできるだけ小さくするように決める**と考えるのは妥当な判断でしょう．残差には，プラスの値とマイナスの値がありますから，ここでは，分散を考えた時と同じように，自乗を取ることによって符号を正に統一し，その総和を最小にすることを考えます．

ある海岸の一地点において，水深を五回測定したとします（表7.1）．

表7.1 水深測定データ例1

データ番号	水深(m)
1	10.2
2	9.9
3	10.0
4	9.8
5	10.1

注7.1：厳密に用語を使い分けると，誤差は"真の値との差"，残差は"最確値との差"となります．

求める最確値を a, 残差の自乗和を S と表記すると, S は次のように計算できます.

$$S = (10.2-a)^2 + (9.9-a)^2 + (10.0-a)^2 + (9.8-a)^2 + (10.1-a)^2 \tag{7.1}$$

これを整理すると, S は a の2次式として次のように表せます.

$$S(a) = 5a^2 - 100a + 500.1 \tag{7.2}$$

この結果を図7.1に示します.

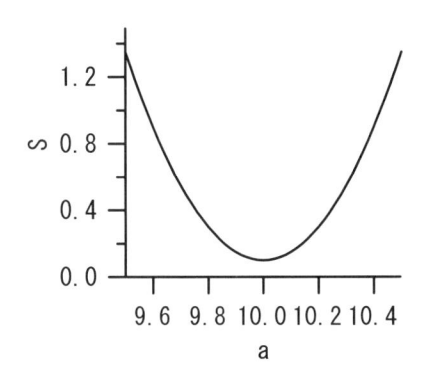

図7.1 残差自乗和 S の a に対する変化

図7.1あるいは式(7.1)に示すように, S は a の関数となり, 最確値 a の決め方により残差自乗和 S の大きさも変化します. 残差自乗和 S が最小となるためには, S の a に対する変化率がゼロ, すなわち, S を a で微分した値がゼロになることが必要です. したがって, 次式が成立する必要があります.

$$\frac{dS}{da} = 10a - 100 = 0 \tag{7.3}$$

式(7.3)より, 最確値は次のように求められます.

$$a = 100/10 = 10.0 \quad (\text{m}) \tag{7.4}$$

次に, 表7.1の測定結果に対する算術平均の値を求めてみましょう. この場合, 算術平均は, 以下のようになり, 最確値と一致します.

$$\frac{10.2 + 9.9 + 10.0 + 9.8 + 10.1}{5} = 10.0 \,(\text{m}) \tag{7.5}$$

この一致は偶然ではなく, 次のような証明が可能です.

（証明）ある物理量を測定した結果得られたデータを y_i ($i=1,2,3,\cdots,N$) とすると, これらの測定データに対する残差の自乗和は, 以下のように表せます.

$$S = \sum_{i=1}^{N} (y_i - a)^2 \tag{7.6}$$

この S の値を最小にするためには, 次式が成立する必要があります.

$$\frac{dS}{da} = -\sum_{i=1}^{N} 2(y_i - a) = -2\sum_{i=1}^{N} y_i + 2Na = 0 \tag{7.7}$$

したがって，最確値 a は，以下のように測定データの算術平均値として求められます．

$$a = \frac{\sum_{i=1}^{N} y_i}{N} \tag{7.8}$$

これを次のように言い換えることができます．

> 測定データに対する算術平均値は，残差の自乗和を最小にするという意味での最確値である．

7.2 測定精度の指標としての標準偏差・変動係数

前節では，残差の自乗和を最小にする最確値は算術平均値であることを確認しました．では，分散あるいは標準偏差は何を意味するのでしょうか？ 先の例からも明らかなように，最確値として算術平均値を用いた場合，残差の平方和は，第6章で扱った分散と一致します．その平方根を取ったものが標準偏差です．先の例では，分散および標準偏差は以下のようになります．

$$s^2 = 0.020, \quad \sigma = \sqrt{0.020} \approx 0.14 \tag{7.9a}$$

表 7.2 に示すもう一つの測定例を考えてみましょう．この例も，測定による平均水深は 10.0(m) であり，先の例と一致します．一方，分散及び標準偏差は下記のようになります．

$$s^2 = 0.044, \quad \sigma = \sqrt{0.044} \approx 0.21 \tag{7.9b}$$

表7.2 水深測定データ例2

データ番号	水深(m)
1	10.4
2	9.9
3	10.0
4	9.8
5	9.9

第6章で学習したように，分散あるいは標準偏差は，平均値（＝最確値）に対するデータのばらつきを表します．したがって，この例では，表7.1 の測定の方が，表7.2 の測定よりもデータのばらつきが小さい．つまり，表7.1 の測定の方が，残差（＝予測される誤差と考えてよいでしょう）が小さく，測定の精度，信頼度が高いと判断することができます．

一般化して言うと，次のように考えられます．

> 分散あるいは標準偏差の値が小さいほどその測定結果は精度が高く信頼できる．

次に，平均値と標準偏差の組み合わせを考えてみます．ここで，比較のために，表 7.3 に示すもう一つのデータを例にあげて検討します．ここでは，水深が深くなっている分，データのばらつきの（絶対的な）値も大きくなっています．

表 7.3　水深測定データ例 3

データ番号	水深(m)
1	102
2	99
3	101
4	100
5	98

このときの平均値，分散，標準偏差は以下のようになります．

平均値：100 m
分散：$2 m^2$
標準偏差：1.4 m

この場合の測定精度を表 7.1 の精度と比較する時はどのように考えれば良いでしょうか？ばらつき（残差）の絶対的な大きさからは，明らかに，表 7.3 の測定例の方に，より多くのばらつきが存在しています．一方で，平均値（最確値）自身の値も大きくなっています．このような場合，標準偏差を平均値で割って，ばらつきの相対的な強度を吟味することがあります．この値を**変動係数**と呼びます．

$$\text{変動係数} = \frac{\text{標準偏差}}{\text{平均値}} \tag{7.10}$$

先の例の場合では，表 7.1 の測定例に対する変動係数は以下のようになります．

$$\text{変動係数} = 0.14/10 = 0.014 \tag{7.11a}$$

一方，表 7.3 の測定例では，変動係数は以下のように計算できます．

$$\text{変動係数} = 1.4/100 = 0.014 \tag{7.11b}$$

すなわち，変動係数は両者とも同じ値になります．つまり，誤差の相対的な割合から見れば，表 7.1 の測定例と表 7.3 の測定例は，同程度の信頼性を持つものと判断できます．この

ように，誤差の大小を評価・比較する際にはいくつかの考え方があり，場合に応じて適切なものを使い分ける必要があります．

7.3 正規分布の特徴

第7.1節および第7.2節では，平均値・標準偏差といった代表値の意味について考えてきました．ここでは，さらに進んで，データの分布形との関連について考察してみましょう．

最初に，自然界で測定されたデータを例示したいと思います．写真7.1に示しているのは，熊本県宇土市の御輿来（おこしき）海岸の干潟の風景です．岸から沖に向かって緩やかな凹凸を規則的に繰り返す地形が形成され，美しい模様を描いています．この岸沖方向の凹凸の間隔（長さ）およびその高さを測定して，度数分布の形にまとめた例を，図7.2および図7.3に示します．図7.2のヒストグラムに示される長さの分布において，最頻値45mでピークを有し，左側の裾野が長い非対称分布が確認できます．一方，図7.3のヒストグラムに示される高さの分布においては，最頻値0.3mでのピークを中心として，ほぼ左右対称の釣鐘型の分布が描かれています（注7.2）．

写真7.1 御輿来（おこしき）海岸の干潟（写真原稿　大井啓嗣氏）

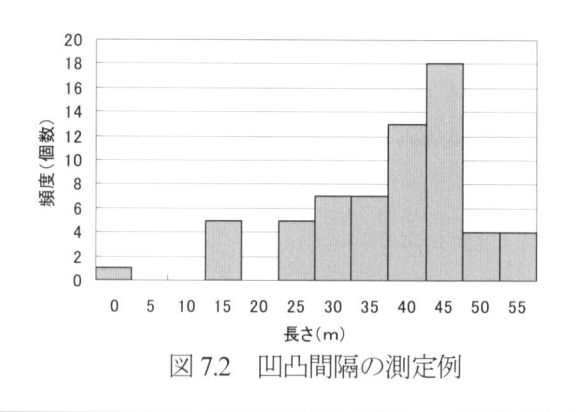

図7.2 凹凸間隔の測定例

注7.2：この間隔や高さは干潟の泥の特性や波浪・潮流等の条件により決まると考えられます．なお，データは熊本大学山田文彦氏にご提供いただきました．

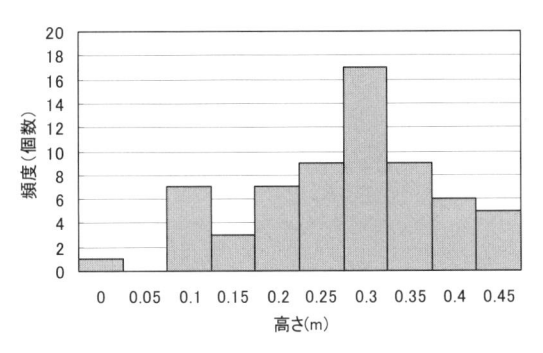

図 7.3　凹凸高さの測定例

　図 7.3 に見られるような分布をさらに理想化したベル型の対称分布は，他にも，第 7.1 節で触れた測定誤差の分布，工業製品の品質（注 7.3），身長・体重等の分布等で現れてくる典型的な分布として知られています．特に，計測値に含まれる誤差の特性についての理論は，第 7.1 節の冒頭でも述べたように，ガウスにより詳しく研究されました．その結果，誤差の確率分布特性として得られたものが，**正規分布**と呼ばれて広く利用されています．

　第 7.1 節では，観測時の機器の動揺や性能の限界により偶発的（ランダム）に発生する誤差（**偶然誤差**）の特性として，次の 3 点を取り上げて紹介しました．

(1) 小さい誤差の発生する確率は，大きい誤差の発生する確率よりも高い．
(2) 真の値に対して，プラス側とマイナス側とで同じ大きさの誤差が発生する確率は等しい．
(3) 非常に大きな誤差は発生しない．

このような計測を数多く繰り返すと，図 7.4 のようなヒストグラムが得られます．この分布が，上記の(1)から(3)の性質をよく満たしていることは，容易に確認できます．計測数を

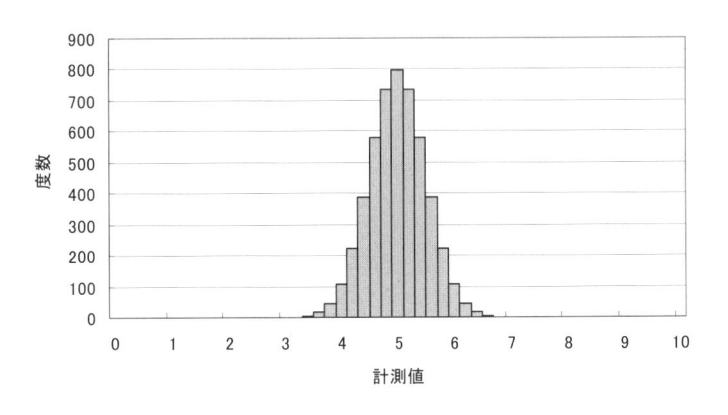

図 7.4　計測結果のヒストグラム表示例

注 7.3：たとえば，工業製品の長さ・幅等の基準寸法と実際に仕上がった製品寸法は，原材料や工程での微妙な差が累積されて何らかの誤差を生むことになります．

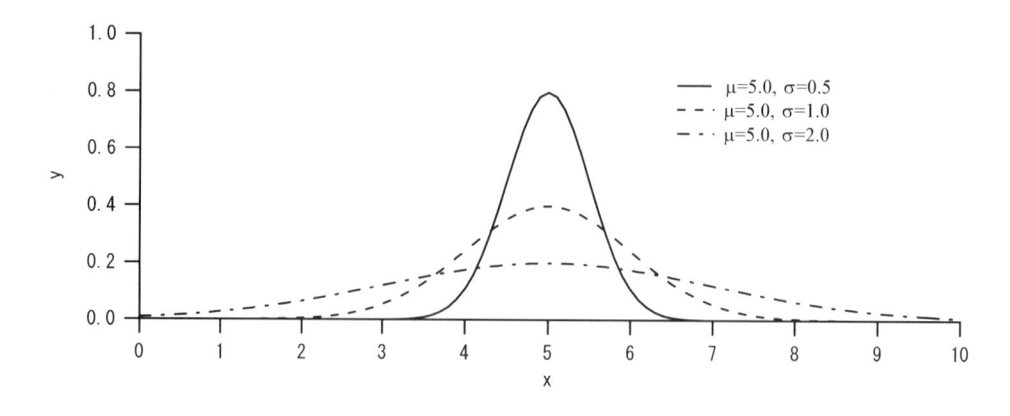

図 7.5　正規分布のイメージ図

さらに増やし，ヒストグラムの階級幅をそれに応じて小さくしていくと，ヒストグラムの階段状の形は，滑らかな曲線に近づいていきます．その曲線の例を図 7.5 に示します．これらの曲線が，正規分布と呼ばれる分布形を表しています．

まず，正規分布の数学的な定義（注 7.4）を式 (7.12) に示しておきましょう．

$$y = \frac{1}{\sqrt{2\pi}\sigma} e^{-\frac{(x-\mu)^2}{2\sigma^2}} \quad (\mu：平均値；\sigma^2：分散；\sigma：標準偏差) \tag{7.12}$$

分母の π は円周率です．図 7.5 には，平均値=5 として，標準偏差を 0.5，1.0，2.0 の三通りに変化させた場合の分布形の変化を示してあります．式 (7.12) および図 7.5 から分かる特徴をまとめておきましょう．

(1) 平均値と標準偏差の値を与えれば，正規分布の形は一義的に決定される．

(2) $x=\mu$（平均値）に対して左右対称のベル形の形状をとる．分布が最大値をとるのは，$x=\mu$（平均値）においてであり，$x \to \pm\infty$ で（平均値から十分離れた位置では）$y \to 0$ となる．

(3) $x=\mu$（平均値）における分布の高さは，σ（標準偏差）に反比例する．つまり，標準偏差が大きいほど，中央での山の高さは低下する．逆に，横方向の広がり具合は，σ（標準偏差）に比例して大きくなる．

上記の(1)から(3)で見たように，平均値，標準偏差と正規分布は密接な関係があり，実際，標準偏差が最も有効に活用できるのはヒストグラムが正規分布となるときです．

注 7.4：正規分布の確率密度関数と呼ばれるもので，$-\infty$ から $+\infty$ まで積分した時に積分値が 1 になるよう係数値を調整してあります．少し複雑な式の形ですが，見た目の複雑さに必要以上にとらわれないように気を付けて下さい．ここでは，式の詳細よりも，その図形的な解釈に重点を置きます．

詳細を吟味すると，正規分布曲線の性質には先にあげた特徴の他にもいくつか注目すべき点があるのですが，その中で実用的に最も重要なのは，正規分布におけるデータのばらつきに関する以下の性質です．

平均値 μ，標準偏差 σ を持つ正規分布において

> （平均値）±（標準偏差）の範囲内に，データの約 68.3% が含まれる．
> （平均値）±（標準偏差）×2　の範囲内に，データの約 95.4% が含まれる．
> （平均値）±（標準偏差）×3　の範囲内に，データの約 99.7% が含まれる．

あるいは，次のようにも書けます．

> $\mu - \sigma \leq x \leq \mu + \sigma$ となる x は，全体の約 68.3% を占める．
> $\mu - 2\sigma \leq x \leq \mu + 2\sigma$ となる x は，全体の約 95.4% を占める．
> $\mu - 3\sigma \leq x \leq \mu + 3\sigma$ となる x は，全体の約 99.7% を占める．

この様子をイメージ的に示したものが，図 7.6 です．

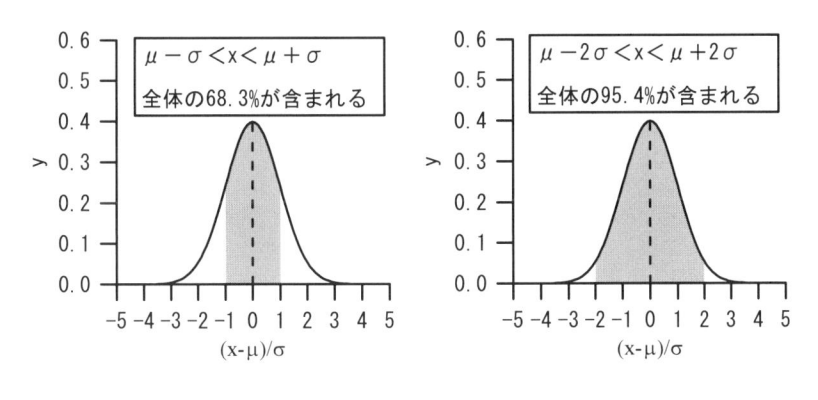

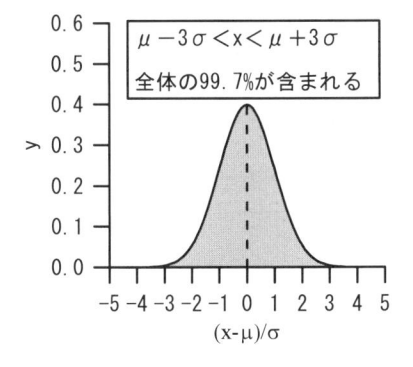

図 7.6　正規分布におけるデータ分布の割合

大まかに見ると，平均値±標準偏差の範囲に全体の3分の2が，（平均値）±（標準偏差）×2の範囲で95%程度が，（平均値）±（標準偏差）×3の範囲でほぼ100%のデータが含まれるということになります．最小値や最大値に関して言えば，平均値μと標準偏差σが分かっている場合，その分布の**最大値，最小値**は，それぞれ，$\mu+3\sigma$，$\mu-3\sigma$と考えて差し支えないということになります．なお，凸型の対称分布で，正規分布に似た分布形を有する場合についても，ほぼ同様の割合が成立すると考えられます．

7.4 正規分布の適用例および注意点

正規分布は，誤差分布以外にも多くの自然現象，社会現象に見受けられます．ここでは，市場調査に関連した問題を例に正規分布の適用性を考察してみましょう．

（例題 7.1）

A国向けに衣料品を製造・販売するに先立って，A国における成人男子および成人女子の平均身長と標準偏差のデータを入手した（表 7.4）．

表7.4 A国における成人男子・女子の平均身長および標準偏差

	平均身長(cm)	標準偏差（cm）
成人男子	170.7	5.7
成人女子	157.8	5.3

A国の成人男子，女子のおよそ95%を対象に製品開発を進めるには，どの程度の範囲の身長をカバーすればよいと考えられるか．

（解答例）

身長の分布は遺伝的な影響が強く，一般に正規分布に従うと考えられます．正規分布においては，（平均値）±（標準偏差）×2の範囲内に95%程度の人が含まれるので，男子・女子それぞれ，次のような範囲を念頭において開発を企画すれば良いと考えられます．

（成人男子）$170.7 - 2 \times 5.7 = 159.3$ cm $< y <$ $170.7 + 2 \times 5.7 = 182.1$ cm

（成人女子）$157.8 - 2 \times 5.3 = 147.2$ cm $< y <$ $157.8 + 2 \times 5.3 = 168.4$ cm

最後に注意点を一つ述べておきたいと思います．先に述べたように，自然科学や社会科学で扱う多くの現象に正規分布のモデルを適用することができます．一方で，正規分布が必ずしも万能というわけではありません．分布が非対称で，非正規分布となるような事象は，正規分布以上に数多く存在します．正規分布を当てはめるのは多少無理があるが，その方が考えやすい（あるいは他に妥当な手法が見当たらない）ために，正規分布の理論を便宜的に適用しているという場合も多々あるように感じます．

演習課題

A. 学習事項に対するイメージの把握＋記述能力向上を目指したトレーニング

A7.1 図解あるいは箇条書き等を用いて，本章の学習内容のポイントを A4 用紙一枚にまとめて記述せよ．なお，説明用の図を必ず含めること．

B. 反復練習による習熟度の向上を目指したトレーニング

B7.1 ある国の 17 歳男子の座高平均値は 91.5cm，標準偏差は 3.2cm であり，その分布は正規分布で近似できると仮定する．17 歳向けの机・椅子の設計を考える際に，17 歳男子の 99.7%に適合できるように設計を行うためには，対象者の座高の最大値・最小値をどのように見積もればよいか．

B7.2 ある工場で生産している管の直径の平均値は 50.0mm，製造の際の標準偏差は 0.3mm であるとする．管径の分布は正規分布に従うとすると，製品 10000 個あたりに，以下の寸法を持つ製品は何個程度含まれると予想されるか？

  (1) 管径が 50.9mm 以上のもの

  (2) 管径が 50.3mm と 50.9mm の間にあるもの

  (3) 管径が 49.4mm 以下のもの

B7.3 n 個の測定データ x_i ($i=1, 2, \cdots, n$) の平均値は μ，標準偏差は σ で表されるとする．このデータに対して次のような変換を施した場合，変換後のデータ X_i ($i=1,2,\cdots,n$) の平均値および標準偏差の値はどのようになるか？

$$（変換式）\quad X_i = \frac{x_i - \mu}{\sigma}$$

 （注）このような変換を標準化と呼ぶ．

C. 総合的な英文読解力と学習内容の理解度向上を目指したトレーニング

C7.1 以下の英文を日本語に翻訳せよ．

 Normal distribution curves are symmetric with respect to a vertical line that passes through the mean value, μ. The shape of these curves is often described as bell shaped. When the standard deviation is small, it has a sharp peak. For large standard deviation, the shape is relatively flat. Approximately 68.3 % of the data is located within one standard deviation of the mean.

 （注）normal distribution：正規分布，with respect to：〜に関して，mean value：平均値，standard deviation：標準偏差

演習問題解答例

A7.1 省略

B7.1 正規分布であれば，$\mu-3\sigma$ から $\mu+3\sigma$ の範囲内に 99.7%の対象が含まれるので，最大値および最小値は，それぞれ，$\mu+3\sigma=91.5+3.2\times3=101.1$cm，$\mu-3\sigma=91.5-3.2\times3=81.9$cm と見積もれば良い．

B7.2 (1) 管径が $\mu+3\sigma$ 以上の値を取るのは，全製品の内，$(100.0-99.7)/2=0.15$%の割合である．したがって，管径が 50.9mm 以上のものは，$10000\times0.0015=15$ 個程度と予想される．

(2) 管径が $\mu+\sigma$ から $\mu+3\sigma$ の間の値を取るのは，全製品の内，$(99.7-68.3)/2=15.7$%の割合である．したがって，管径が 50.3mm と 50.9mm の間にあるものは，$10000\times0.157=1570$ 個程度と予想される．

(3) 管径が $\mu-2\sigma$ 以下の値を取るのは，全製品の内，$(100-95.4)/2=2.3$%の割合である．したがって，管径が 49.4mm 以下のものは，$10000\times0.023=230$ 個程度と予想される．

B7.3 まず，問題の条件より以下のように書ける．

$$\mu=\frac{1}{n}\sum_{i=1}^{n}x_i,$$

$$\sigma^2=\frac{1}{n}\sum_{i=1}^{n}(x_i-\mu)^2$$

これを用いると，変換後の平均値は次のようになる．

$$\mu'=\frac{1}{n}\sum_{i=1}^{n}X_i=\frac{1}{n}\sum_{i=1}^{n}\left(\frac{x_i-\mu}{\sigma}\right)=\frac{1}{n\sigma}\left(\sum_{i=1}^{n}x_i-n\mu\right)=\frac{1}{n\sigma}(n\mu-n\mu)=0$$

また，変換後の標準偏差は以下のように計算できる．

$$(\sigma')^2=\frac{1}{n}\sum_{i=1}^{n}(X_i-\mu')^2=\frac{1}{n}\sum_{i=1}^{n}(X_i)^2$$

$$=\frac{1}{n}\sum_{i=1}^{n}\left(\frac{x_i-\mu}{\sigma}\right)^2=\frac{1}{\sigma^2}\left(\frac{1}{n}\sum_{i=1}^{n}(x_i-\mu)^2\right)=\frac{\sigma^2}{\sigma^2}=1$$

C7.1 正規分布曲線は，平均値 μ を通る鉛直線に関して対称である．これらの曲線の形状は，しばしば，釣鐘型と記述される．標準偏差が小さいとき，正規分布曲線は鋭いピークを持つ．標準偏差が大きい場合には，その曲線は比較的平坦になる．平均値から標準偏差分だけ離れた範囲内に，およそ 68.3%のデータが分布する．

第8章 変化の傾向を見出す
＜最小自乗近似＞

概要：第8章では，データの変化傾向に着目し，二つの変量の間に成立する直線的相関関係を定式化する手法を学びます．第2章で学習した二変数関数の偏微分の知識と第6章，第7章で学んだ統計的な考え方を組み合わせて，与えられたデータに対する最適な近似直線を求めてみましょう．

キーワード：回帰直線，最小自乗近似法，偏微分

予備知識：第2章で学習した二変数関数の偏微分の知識を前提とします．
　　　　　(1) 二変数関数に対する偏微分の図形的イメージを理解していること
　　　　　(2) 具体的な関数形が与えられた時，二変数関数の偏微分の計算ができること
　　　　　以上の二項目が基本となります．

関連事項：第1章から第3章で学習した内容と，第6章，第7章で学んだ統計的な考え方を組み合わせて，二変量データ間の相関関係を求めます．また，第9章においてより複雑な関係式を誘導する手法の基礎ともなります．

学習目標：以下の各項目を達成することが学習目標設定の目安となります．

> (1) 最小自乗近似法を使って二変量間の関係を回帰直線で表現することの幾何学的イメージをつかむ．
> (2) 最小自乗近似法を使った回帰直線の誘導過程を示すことができる．
> (3) 最小自乗近似法を用いて，二変量データから回帰直線を求めることができる．

要望：以下のような感覚や習慣を育むきっかけとして，この教材が少しでも役立つことを期待しています．

・数学の講義で学んだ知識を応用することで，身近な現象の予測や解釈ができることを感覚的につかむ．
・数式の持つ図形的意味を探りながら，視覚的に考えることを習慣付ける．
・新しい技術を身に付けようとする過程では，まず具体的な事例にあたってイメージをつかみ，次にその経験を一般化することを習慣付ける．

　　　これまで出来なかったことを，一つずつできるようにする！

8.1 データの示す変化傾向を推定する

地球温暖化への対応は，21世紀において解決すべき重要な課題として，一般に広く認識されています．第6章で取り上げた金沢市の3月の気温データから，温暖化の傾向を探ることができないか考えてみましょう．図 8.1 は，金沢市の3月の気温が，どのように経年変化しているのか，その時系列変化を示したものです．年によりランダムな変動が見られますが，全体的な傾向としては，緩やかな変化ながらも右上がりの傾向を示しており，温暖化の傾向が確認できます．ここでは，直接の因果関係を示すものではありませんが，気温のデータと時間の間にはある種の関係が存在します．このような，データの時間変化，測定値と時間との関係を定式化することを考えてみましょう．

定式化の最も簡単な例として，直線的な変化傾向を考えてみます．図 8.1 の破線に示すように，データ全体をうまく近似できる直線の式を求めることができれば，温暖化がどの程度の進行速度で進んでいるのかを確認できます．また，この状態が今後も続いた場合の予想気温を推定することもできます．これまでに，第6章および第7章では，データ分布に関する代表値の決定法を考えてきました．ここでは，その考え方を応用して，ばらつきのある**データを一本の直線で近似表現する**ことを考えます．なお，ばらつきのある**データを一本の線（直線，曲線）で近似することを回帰**，その結果得られる直線（曲線）を**回帰直線（回帰曲線）**と呼びます．

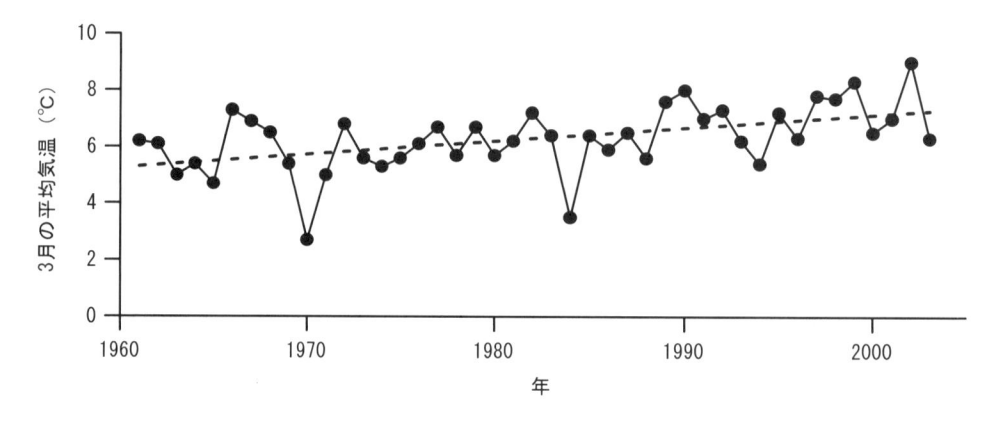

図 8.1　3月の金沢市の月平均気温

さて，データ分布を最も良く近似する直線をどのように決めたらよいのでしょうか．高校までの段階では，見た目で良さそうな線を引いていたのではないでしょうか．この場合，直線の引き方に各自の主観が入りますから，結果として得られる近似直線は各自まちまちなものになってしまいます．直線の式が違えば予測値も異なってくるわけですから，これでは，推定に関する客観的で説得力のある議論は困難になります．では，どのような基準を設ければ，誰もが納得するように直線の式を決定することができるでしょうか．

第7章では，誤差（ばらつき）を持つ測定データを代表させる値として，最確値というものを考えました．また，最確値と個々のデータの差，すなわち残差の自乗和（二乗和）を最小にさせるという意味での最確値が算術平均値であることを学びました．ここでは，その考え方を発展させて直線を決めることを考えてみましょう．つまり，図8.2に示すような，「近似直線とデータとの残差＝直線に対するデータのばらつき」の自乗和が最も小さくなるように回帰直線を決定することを考えてみましょう．このような近似の考え方を"**最小自乗近似（最小二乗近似）**"と言い，得られる直線は"**最小自乗近似直線**"と呼ばれます．

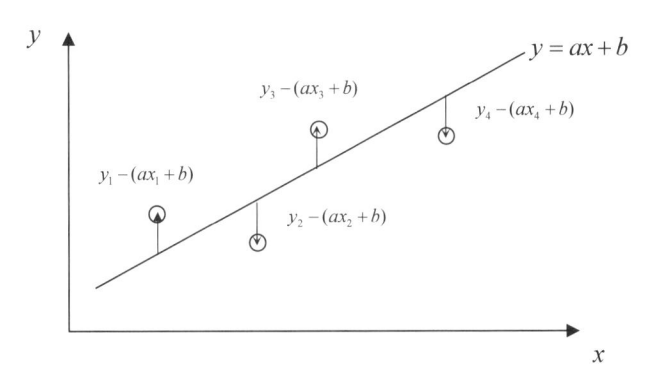

図8.2　近似直線とデータとの残差

8.2　誤差の総和が最小となるように近似する：最小自乗近似法

図8.1に用いたデータでは，説明のためには少しデータ数が多すぎるので，データを10年ごとに集約することを考えます．表8.1は，1960年代，1970年代，…，と10年ごとの年代を考えて，データの平均値を取ったものです．この4つのデータを対象に説明を進めます．また，計算を簡単にするために，1960年代を時間の起点として，そこから10年，20年，30年後のデータという風に時間軸を設定します．その結果を図8.3に示します．

表8.1　10年ごとの期間平均値

期間	平均値（℃）
1961〜1970	5.6
1971〜1980	5.9
1981〜1990	6.3
1991〜2000	7.0

　図8.3の横軸を x，縦軸を y とし，気温のデータを $y_1=5.6$，$y_2=5.9$，$y_3=6.3$，$y_4=7.0$，時間を $x_1=0$，$x_2=10$，$x_3=20$，$x_4=30$，求めようとする近似直線を $y=ax+b$ と表すことにします．ここで，データ点と直線との y 軸方向残差，すなわち，

$$[各データの値 - 直線上のyの値] = [y_i - (ax_i + b)]$$

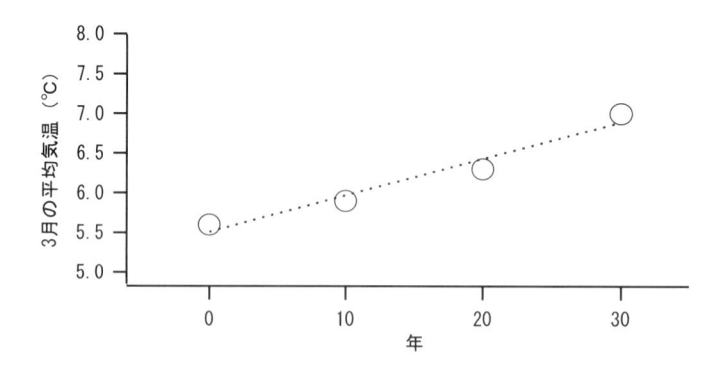

図 8.3　1960 年代以降 10 年ごとの気温の変動

に着目し，その自乗和を最小にすることを考えてみましょう．分散が平均値に対するばらつきを表現するのに対して，この残差自乗和（残差平方和）の値は，**回帰直線に対するデータのばらつきの総和**を表します．

$$[y_1-(ax_1+b)]^2+[y_2-(ax_2+b)]^2+[y_3-(ax_3+b)]^2+[y_4-(ax_4+b)]^2 = \\ [5.6-(a\times 0+b)]^2+[5.9-(a\times 10+b)]^2+[6.3-(a\times 20+b)]^2+[7.0-(a\times 30+b)]^2 \tag{8.1}$$

式 (8.1) の値が最小となる場合が，直線に対するデータのばらつきが最小となる場合です．式 (8.1) で表される残差平方和の値を S とすると，S は次のように表されます．

$$\begin{aligned} S &= (31.36 - 11.2b + b^2) + (34.81 - 118a - 11.8b + 100a^2 + 20ab + b^2) \\ &\quad + (39.69 - 252a - 12.6b + 400a^2 + 40ab + b^2) \\ &\quad + (49.00 - 420a - 14b + 900a^2 + 60ab + b^2) \end{aligned} \tag{8.2a}$$

これを整理すると次のようになります．

$$S(a,b) = 154.86 - 790a - 49.6b + 1400a^2 + 120ab + 4b^2 \tag{8.2b}$$

この二変数関数 $S(a, b)$ が最小になるのは，どんな場合でしょうか．図 8.4 に，式 (8.2b) に基づいて，S の分布を計算した結果を示します．図から分かるように，$a=0.05$，$b=5.5$ 付近で，S は最小となっています．

もう一歩踏み込んで，S が最小となることの意味を幾何学的に考えてみましょう．S が最小となるのは，次の二つの条件が同時に満たされる場合であることが図 8.4 からも感覚的に理解されると思います．

(1) b の値を固定し，S–a 断面で考えた時に，a 軸に沿った S の変化率がゼロ

(2) a の値を固定し，S–b 断面で考えた時に，b 軸に沿った S の変化率がゼロ

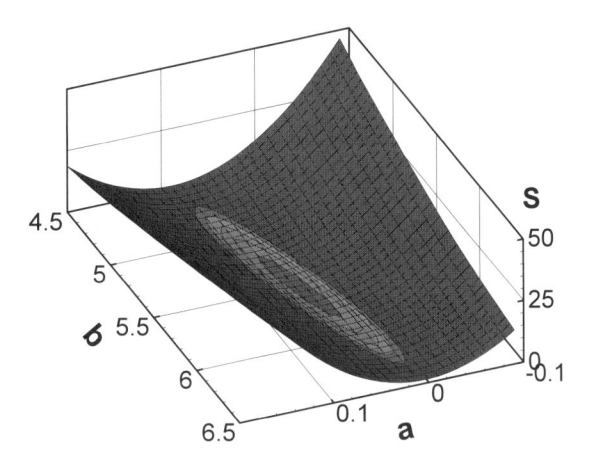

図 8.4　残差自乗和 S の分布

第 2 章の「偏微分」で扱った「偏微分係数」を思い出して下さい．最初の条件「b の値を固定し，a 軸に沿った S の変化率…」は，a に対する S の偏微分係数を表しています．したがって，(1)の条件は，a に関する偏微分係数がゼロという，式 (8.3) の条件に対応します．

$$\frac{\partial S}{\partial a} = -790 + 2800a + 120b = 0 \tag{8.3}$$

同様に，「a の値を固定し，b 軸に沿った S の変化率がゼロ」は，b に関する S の偏微分係数がゼロとなることを意味するので，その条件式は次のように表されます．

$$\frac{\partial S}{\partial b} = -49.6 + 120a + 8b = 0 \tag{8.4}$$

式（8.3）と式（8.4）を同時に満たす a, b は，これらの連立方程式を解くことによって求められます．この場合，結果は，次のようになります．

$$a = 0.046 \tag{8.5a}$$

$$b = 5.51 \tag{8.5b}$$

したがって，最小自乗近似法による回帰直線は次のようになります．

$$y = 0.046x + 5.51 \tag{8.6}$$

この結果から，金沢市における 3 月の気温は，1 年あたり約 0.046℃の割合で上昇（温暖化）しているという傾向が把握できます．およそ 20 年で 1℃上昇するというペースです．仮に現在の傾向が今後も続いたとすると，起点から 50 年後すなわち 2010 年代には，式 (8.7) に示す通り 7.8℃程度にまで気温が上昇することが予想されます．

$$y = 0.046 \times 50 + 5.51 \approx 7.8 \quad ℃ \tag{8.7}$$

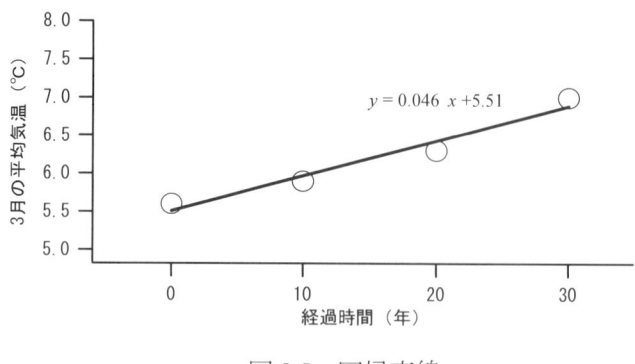

図 8.5　回帰直線

参考のため，図 8.4 において，$b=5.51$ と固定した時の $S-a$ 断面および $a=0.046$ に固定した時の $S-b$ 断面を図 8.6(a) および図 8.6(b) に示します．確かに，$a=0.046$，$b=5.51$ の場合に S が最小となることが確認できます．

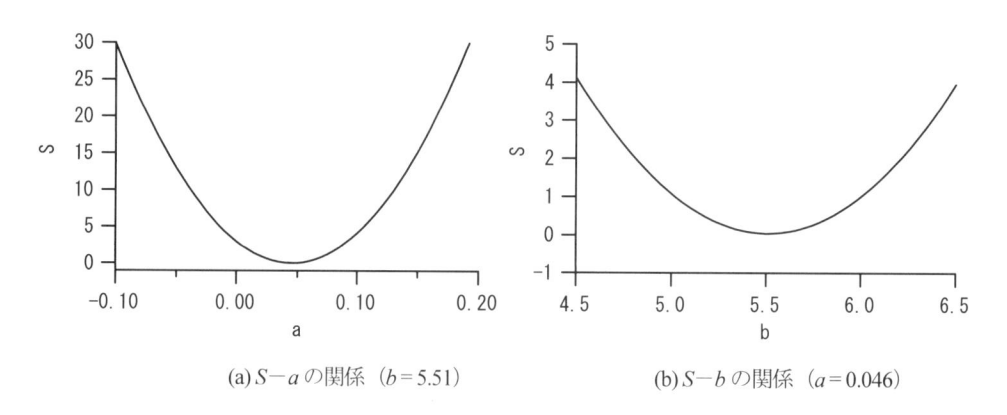

(a) $S-a$ の関係（$b=5.51$）　　　(b) $S-b$ の関係（$a=0.046$）

図 8.6　S の分布の断面図

写真 8.1　3 月の金沢兼六園（写真提供　大井啓嗣氏）

8.3 誘導過程の一般化

最小自乗近似法を用いた回帰直線 $y = ax + b$ の誘導過程を，より一般的な形で，N 組のデータ (x_i, y_i), $i = 1, 2, \cdots, N$ の場合を対象に，以下にまとめておきます．

回帰直線に対するデータの残差の平方和 S は，次式で計算されます．

$$S = \sum_{i=1}^{N} [y_i - (ax_i + b)]^2 \tag{8.8}$$

この値を最小にするために，式 (8.8) を a および b で偏微分したものをゼロとすると，次の二つの式が誘導されます．

$$\frac{\partial S}{\partial a} = \sum_{i=1}^{N} 2[y_i - (ax_i + b)](-x_i) = \sum_{i=1}^{N} (-2x_i y_i + 2ax_i^2 + 2bx_i)$$
$$= -2\sum_{i=1}^{N} x_i y_i + 2a\sum_{i=1}^{N} x_i^2 + 2b\sum_{i=1}^{N} x_i = 0 \tag{8.9}$$

$$\frac{\partial S}{\partial b} = \sum_{i=1}^{N} 2[y_i - (ax_i + b)](-1) = \sum_{i=1}^{N} (-2y_i + 2ax_i + 2b)$$
$$= -2\sum_{i=1}^{N} y_i + 2a\sum_{i=1}^{N} x_i + 2b\sum_{i=1}^{N} 1 = -2\sum_{i=1}^{N} y_i + 2a\sum_{i=1}^{N} x_i + 2bN = 0 \tag{8.10}$$

まず，式 (8.10) より回帰直線 $y = ax + b$ の係数 b が次のように求められます．

$$b = \frac{1}{N}\sum_{i=1}^{N} y_i - a\frac{1}{N}\sum_{i=1}^{N} x_i = \bar{y} - a\bar{x} \tag{8.11}$$

ここで，$\bar{x}$ および $\bar{y}$ は，それぞれ x_i および y_i の平均値であり，次式で定義されます．

$$\bar{x} = \frac{1}{N}\sum_{i=1}^{N} x_i, \quad \bar{y} = \frac{1}{N}\sum_{i=1}^{N} y_i \tag{8.12}$$

さらに，式 (8.11) を式 (8.9) に代入することにより，回帰直線 $y = ax + b$ の係数 a に対して次の条件が導かれます．

$$-\sum_{i=1}^{N} x_i y_i + a\sum_{i=1}^{N} x_i^2 + (\bar{y} - a\bar{x})\sum_{i=1}^{N} x_i = 0 \tag{8.13}$$

これより，回帰直線の係数 a は，次のように求められます．

$$a = \frac{\sum_{i=1}^{N} x_i y_i - \bar{y}\sum_{i=1}^{N} x_i}{\sum_{i=1}^{N} x_i^2 - \bar{x}\sum_{i=1}^{N} x_i} \tag{8.14}$$

ここで，

$$\sum_{i=1}^{N} x_i = N\bar{x} \tag{8.15}$$

を用いると，式 (8.14) はさらに以下のように変形されます．

$$a = \frac{\sum_{i=1}^{N} x_i y_i - N\bar{x}\bar{y}}{\sum_{i=1}^{N} x_i^2 - N\bar{x}^2} \tag{8.16}$$

さらに，この a の値を用いると，式 (8.11) から b の値を決定することができます．

以上まとめると次のようになります．

N 組のデータ (x_i, y_i) $i = 1, 2, \cdots, N$ に対して，最小自乗近似を用いた回帰直線 $y = ax + b$ の係数 a および b は次式により決定できます．

$$a = \frac{\sum_{i=1}^{N} x_i y_i - N\bar{x}\bar{y}}{\sum_{i=1}^{N} x_i^2 - N\bar{x}^2} \tag{8.17}$$

$$b = \bar{y} - a\bar{x} \tag{8.18}$$

ここで，

$$\bar{x} = \frac{1}{N}\sum_{i=1}^{N} x_i \tag{8.19}$$

$$\bar{y} = \frac{1}{N}\sum_{i=1}^{N} y_i \tag{8.20}$$

写真 8.2　3 月の金沢兼六園（その 2）（写真提供　大井啓嗣氏）

8.4 最小自乗近似の適用例

最後に，都市計画に最小自乗近似を適用した例題を紹介しましょう（本例題は，小林史彦氏に提供していただきました）．

(例題 8.1) ある地域の全ての都市計画区域における市街化区域（注 8.1）人口と市街化区域面積の関係が表 8.2 のように表されるとする．この時，最小自乗近似法を用いて両者の間の回帰直線式を求めよ．

表 8.2 市街化区域人口と市街化区域面積

区域名	人口（千人）	面積(10ha)
A	281.9	354.8
B	110.9	190.9
C	55.3	237.2
D	68.6	147.5
E	44.9	190.0
F	16.7	68.1
G	73.8	203.8

(解答例) 人口を x，面積を y とし，データを整理すると以下のようになります．

表 8.3 データ整理結果

	x_i	y_i	x_i^2	$x_i y_i$
A	281.9	354.8	79467.6	100018.1
B	110.9	190.9	12298.8	21170.8
C	55.3	237.2	3058.1	13117.2
D	68.6	147.5	4706.0	10118.5
E	44.9	190.0	2016.0	8531.0
F	16.7	68.1	278.9	1137.3
G	73.8	203.8	5446.4	15040.4
合計	652.1	1392.3	107271.8	169133.3
平均	93.2	198.9		

以上の結果を用いると式 (8.17) より，回帰直線の係数 a は，次式により算出されます．

注 8.1：大都市周辺の市町村や人口 10 万人以上の市では，都市計画を策定する際に，市街化区域もしくは市街化調整区域に区分して，区域ごとに計画を立案します．市街化区域は，既に市街地を形成している区域及び 10 年以内に優先的かつ計画的に市街化を図るべき区域のことです．

$$a = \frac{\sum_{i=1}^{N} x_i y_i - N\bar{x}\bar{y}}{\sum_{i=1}^{N} x_i^2 - N\bar{x}^2} = \frac{169133.3 - 7 \times 93.16 \times 198.9}{107272 - 7 \times 93.16^2} \approx 0.848$$

また，この時の b の値は，式 (8.18) より，次のように求められます．

$$b = \bar{y} - a\bar{x} = 198.9 - 0.848 \times 93.16 \approx 119.9$$

したがって，回帰直線は次のように決定されます．

$$y = 0.848\,x + 119.9$$

写真 8.3　日本の街並み（左上：高山，右上：城崎，左下：馬籠，右下：妻籠）
（写真提供　大井啓嗣氏）

演習課題

A. 学習事項に対するイメージの把握＋記述能力向上を目指したトレーニング

A8.1　図解あるいは箇条書き等を用いて，本章の学習内容のポイントを A4 用紙一枚にまとめて記述せよ．なお，説明用の図を必ず含めること．

B. 反復練習による習熟度の向上を目指したトレーニング

B8.1　データ群 $(x_i, y_i), i=1, 2, \cdots, n.$ に対する最小自乗近似直線の図形的なイメージについて，簡単な図，式，言葉による記述を組み合わせた形で説明せよ．

B8.2　データ群 $(x_i, y_i), i=1, 2, \cdots, n.$ に対する最小自乗近似直線 $y=ax+b$ の係数 a および b を決定するための式について，その誘導過程を簡潔に示せ．

B8.3　次のようなデータ群が与えられたとき，その回帰直線を算出せよ．また，その回帰直線の式を用いて，$x=5$ における y の値を予測せよ．

$(x, y) = (0, 2.08), (1, 1.94), (2, 1.85), (3, 1.69), (4, 1.61).$

C. 総合的な英文読解力と学習内容の理解度向上を目指したトレーニング

C8.1　以下の英文を日本語に翻訳せよ．

The regression analysis is a method for obtaining the best straight line for a linear relationship between two variables x and y. The linear equation is written in the form $y=ax+b$. The method of least squares requires that a and b be chosen to minimize the sum S of the squares of the vertical displacements of the data points from the line:

$$S = \sum_{i=1}^{n}(y_i - ax_i - b)^2$$

(注) regression analysis：回帰分析，linear：線形，method of least squares：最小自乗近似法，vertical displacements：鉛直変位，sum of the squares：自乗和，平方和

演習問題解答例

A8.1 省略

B8.1 省略

B8.2 省略

B8.3 $\bar{x} = \dfrac{0+1+2+3+4}{5} = 2$

$\bar{y} = \dfrac{2.08+1.94+1.85+1.69+1.61}{5} = 1.834$

$\sum xy = 0 \times 2.08 + 1 \times 1.94 + 2 \times 1.85 + 3 \times 1.69 + 4 \times 1.61 = 17.15$

$\sum x^2 = 0^2 + 1^2 + 2^2 + 3^2 + 4^2 = 30$

$a = \dfrac{17.15 - 5 \times 2 \times 1.834}{30 - 5 \times 2^2} = \dfrac{-1.19}{10} = -0.119$

$b = 1.834 + 0.119 \times 2 = 2.072$

したがって，回帰直線の式は，次のようになる．

$$y = 2.072 - 0.119x.$$

この結果を用いると，$x=5$ における y の予測式は以下のように求められる．

$$2.072 - 0.119 \times 5 = 1.477$$

C8.1 回帰分析は，二変数 x, y 間の線形関係に対する最適な直線を求める手法の一つである．線形関係式は，$y=ax+b$ の形で表現される．最小自乗近似法では，データ点と直線との間の鉛直変位の自乗和 S が最小となるように a と b の値を選ぶことが要求される．

$$S = \sum_{i=1}^{n}(y_i - ax_i - b)^2$$

第9章 複雑な相関関係を定式化する
＜回帰曲線の算出＞

概要：本章では，第2篇の総括として，複数のデータ間に存在する少し複雑な関係を読み解く手法を学習します．最初に，二変量間の相関関係の強さを評価する手法を学習し，さらに，第8章で学んだ最小自乗近似の考え方を拡張して，回帰曲線を求める手法を学びます．

キーワード：決定係数，相関係数，回帰曲線，対数変換

予備知識：第8章で学んだ最小自乗近似の考え方を理解しておく必要があります．また，対数関数について，その定義や活用法の基本を理解していることが前提となります．

関連事項：第8章で学んだ最小自乗近似の考え方を応用します．第8章の内容をしっかり理解した上で本章に入るようにしましょう．

学習目標：以下の各項目を達成することが学習目標設定の目安となります．

> (1) 二変量データ間の相関係数の持つ意味を理解し，その値を算出できる．
> (2) 曲線的な変動を持つデータに最小自乗近似を適用して，回帰曲線を誘導できる．
> (3) 対数変換を用いて，べき乗型の回帰曲線式を求めることができる．

要望：以下のような感覚や習慣を育むきっかけとして，この教材が少しでも役立つことを期待しています．

- 数学の講義で学んだ知識を応用することで，身近な現象の予測や解釈ができることを感覚的につかむ．
- 数式の持つ図形的意味を探りながら，視覚的に考えることを習慣付ける．
- 新しい技術を身に付けようとする過程では，まず具体的な事例にあたってイメージをつかみ，次にその経験を一般化することを習慣付ける．

これまで出来なかったことを，一つずつできるようにする！

9.1 最小自乗近似の応用：係数算出式の異なる表現法

第8章では，N組のデータ(x_i, y_i) $(i=1, 2, \cdots, N)$に対する最小自乗近似直線$y=ax+b$の係数aおよびbを決定する手法を学びました．その結果をもう一度以下にまとめておきます．

$$a = \frac{\sum_{i=1}^{N} x_i y_i - N\bar{x}\bar{y}}{\sum_{i=1}^{N} x_i^2 - N\bar{x}^2} \tag{9.1}$$

$$b = \bar{y} - a\bar{x} \tag{9.2}$$

ここで，

$$\bar{x} = \frac{1}{N}\sum_{i=1}^{N} x_i \tag{9.3}$$

$$\bar{y} = \frac{1}{N}\sum_{i=1}^{N} y_i \tag{9.4}$$

まず，式(9.2)を用いて，回帰直線の式を書き換えると次のように書けます．

$$y = ax + b = ax + \bar{y} - a\bar{x} = a(x - \bar{x}) + \bar{y} \tag{9.5}$$

データの重心点は式(9.6)により与えられますが，これが式(9.5)を満たすことから，**回帰直線はデータの重心点を通る**直線となっていることが分かります．

$$(x, y) = (\bar{x}, \bar{y}) \tag{9.6}$$

係数a, bの算出式にはいくつかの異なる表記法があります．まず，式(9.1)の右辺の分子および分母をNで割ると，次のような結果が得られます．

$$a = \frac{\sum_{i=1}^{N} x_i y_i - N\bar{x}\bar{y}}{\sum_{i=1}^{N} x_i^2 - N\bar{x}^2} = \frac{\frac{1}{N}\sum_{i=1}^{N} x_i y_i - \bar{x}\bar{y}}{\frac{1}{N}\sum_{i=1}^{N} x_i^2 - \bar{x}^2} = \frac{\overline{xy} - \bar{x}\bar{y}}{\overline{x^2} - \bar{x}^2} \tag{9.7}$$

ここで，

$$\overline{xy} = \frac{1}{N}\sum_{i=1}^{N} (x_i y_i) \tag{9.8}$$

$$\overline{x^2} = \frac{1}{N}\sum_{i=1}^{N} x_i^2 \tag{9.9}$$

式(9.7)を式(9.2)に代入すると次のようになります．

$$b = \bar{y} - a\bar{x} = \bar{y} - \left(\frac{\overline{(xy)} - \bar{x}\,\bar{y}}{\overline{x^2} - \bar{x}^2}\right)\bar{x} = \frac{\overline{x^2}\bar{y} - \bar{x}^2\bar{y} - \overline{(xy)}\bar{x} + \bar{x}^2\bar{y}}{\overline{x^2} - \bar{x}^2} = \frac{\overline{x^2}\bar{y} - \overline{(xy)}\bar{x}}{\overline{x^2} - \bar{x}^2} \quad (9.10)$$

式 (9.7) および式 (9.10) を用いて計算をする方が便利な場合もあります．

係数 a, b をさらに書き換えることを考えてみます．その準備として，まず，x_i ($i = 1, 2, \cdots, N$) の分散に関する定義式を変形してみると次のようになります．

$$\begin{aligned}
\sigma_x^2 &= \frac{1}{N}\sum_{i=1}^{N}(x_i - \bar{x})^2 = \frac{1}{N}\sum_{i=1}^{N}(x_i^2 - 2\bar{x}x_i + \bar{x}^2) \\
&= \frac{1}{N}\sum_{i=1}^{N}x_i^2 - 2\bar{x}\frac{1}{N}\sum_{i=1}^{N}x_i + \frac{1}{N}\sum_{i=1}^{N}\bar{x}^2 = \overline{x^2} - 2\bar{x}^2 + \bar{x}^2 \\
&= \overline{x^2} - \bar{x}^2
\end{aligned} \quad (9.11)$$

次に，x_i ($i = 1, 2, \cdots, N$) と y_i ($i = 1, 2, \cdots, N$) に着目した**共分散**という量を考えます．共分散の定義式は次のようになります．

$$\sigma_{xy}^2 = \frac{1}{N}\sum_{i=1}^{N}(x_i - \bar{x})(y_i - \bar{y}) \quad (9.12)$$

式 (9.12) を変形すると次のようになります．

$$\begin{aligned}
\sigma_{xy}^2 &= \frac{1}{N}\sum_{i=1}^{N}(x_i - \bar{x})(y_i - \bar{y}) = \frac{1}{N}\sum_{i=1}^{N}(x_i y_i - \bar{x}y_i - x_i\bar{y} + \bar{x}\bar{y}) \\
&= \frac{1}{N}\sum_{i=1}^{N}(x_i y_i) - \bar{x}\frac{1}{N}\sum_{i=1}^{N}(y_i) - \bar{y}\frac{1}{N}\sum_{i=1}^{N}(x_i) + \bar{x}\bar{y}\frac{1}{N}\sum_{i=1}^{N}(1) \\
&= \overline{xy} - \bar{x}\bar{y} - \bar{x}\bar{y} + \bar{x}\bar{y} \\
&= \overline{xy} - \bar{x}\bar{y}
\end{aligned} \quad (9.13)$$

式 (9.12)，式 (9.13) の結果を用いると，式 (9.7) は，次のように書き換えられます．

$$a = \frac{\overline{xy} - \bar{x}\,\bar{y}}{\overline{x^2} - \bar{x}^2} = \frac{\sigma_{xy}^2}{\sigma_x^2} = \frac{\frac{1}{N}\sum_{i=1}^{N}(x_i - \bar{x})(y_i - \bar{y})}{\frac{1}{N}\sum_{i=1}^{N}(x_i - \bar{x})^2} \quad (9.14)$$

9.2 相関係数の算定

ここまで学んできた最小自乗近似は，二変量間の関係を直線近似して与えるものでした．この場合，「**対象となる二変量間に直線的な関係があり，どちらか一方を指定すれば他方の値を決定することができる**」という暗黙の前提が存在します．この前提が崩れる場合には，回帰直線を形式的に求めても，実質上意味の無いものになってしまいます．つまり，回帰直線を算出して使用する際には，二変量間の直線的関係という暗黙の仮定がどの程度満たされているのかを常に意識する必要があります．このような観点から，第 9.2 節では，**二変量間の直線的相関関係の強度**を判断する手法を学んでみましょう．

まず，二つの両極端な場合を考えてみます．

(1) 二変量間に直線的な相関関係がまったく存在しない場合

この場合，二変量間の関係を回帰直線で説明することは不可能です．このような場合を**無相関**と呼びます．データ y の値は，x の値に関係無く無秩序に変動し，図 9.1 のようなランダムな分布を取ります．本来このようなランダムなデータ群に最小自乗近似を適用することは無意味です．しかしながら、あえてこのようなデータ群に形式的に最小自乗近似を当てはめると直線の傾き a はゼロになります．

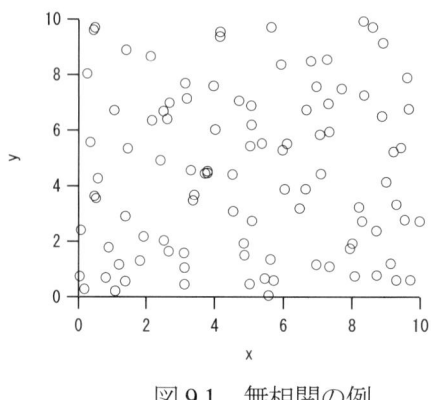

図 9.1　無相関の例

(2) 二変量間の相関関係が回帰直線式で完全に説明できる場合

この場合，図中のすべてのデータが回帰直線上に乗ってきます．このようにデータ y の変動を，回帰により（x の変化により）完全に説明できる状態を**完全相関**と呼びます．

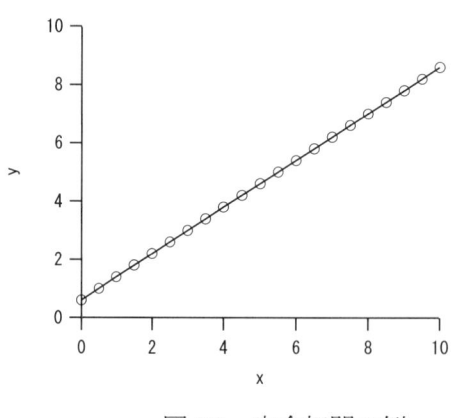

図 9.2　完全相関の例

上記の例では，回帰直線が無効な場合と有効な場合について両極端の例を示しました．実際に回帰分析を行う場合には，その中間的な状況を対象とすることになります．つまり，

一般の場合には，**データ y の変動のうち，回帰で説明できる部分（x との関係から説明できる部分）とできない部分がともに存在する**ということになります．

次に，データ y の変動の大きさを評価することを考えます．この時，どこからの変動を考えるかという基準点を設定する必要があります．ここでは，回帰直線が式(9.15)で与えられるデータの重心点を通ることを考慮し，この点を基準に y の変動を考えることにします．

$$(x, y) = (\bar{x}, \bar{y}) \tag{9.15}$$

第 9.1 節で学んだように，平均値に対するデータ変動の大小は，データの分散により評価できます．ここで，元データの y 方向の分散を σ_y^2 と表すと次のようになります．

$$\sigma_y^2 = \frac{1}{N}\sum_{i=1}^{N}(y_i - \bar{y})^2 \tag{9.16}$$

式 (9.16) は，データの全変動を表しています．次に，この変動を回帰により説明できる部分とそうでない部分に分離することを試みます．

今，与えられた x_i に対して，回帰直線 $y=ax+b$ から算出される値を次のように表すことにします．

$$\hat{y}_i = ax_i + b = a(x_i - \bar{x}) + \bar{y} \tag{9.17}$$

この時，回帰直線では説明できない残りの部分，すなわち残差（測定誤差や他の要因により生じる回帰直線からのばらつき）は次のように表されます．

$$e_i = y_i - \hat{y}_i \tag{9.18}$$

これを用いると，元データと平均値の間の偏差は次のように表されます．

$$y_i - \bar{y} = \hat{y}_i + e_i - \bar{y} = (\hat{y}_i - \bar{y}) + e_i \tag{9.19}$$

平均値との偏差の内，式 (9.19) の右辺第一項が回帰により説明できる変動を，第二項が回帰では説明できない変動を表しています（図 9.3 参照）．

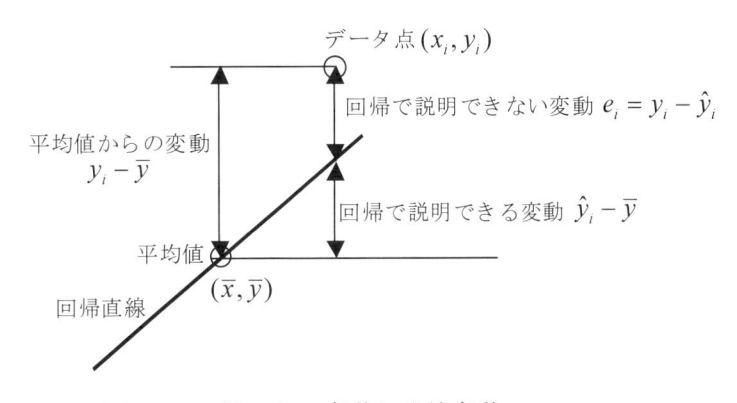

図 9.3　回帰による変動と残差変動

回帰により説明できる変動に着目して，その分散の値（σ_R^2と表記する）を求めると次のようになります．

$$\sigma_R^2 = \frac{1}{N}\sum_{i=1}^{N}(\hat{y}_i - \bar{y})^2 \tag{9.20}$$

一方，残差による変動の分散（σ_E^2と表記する）は次式で与えられます．

$$\sigma_E^2 = \frac{1}{N}\sum_{i=1}^{N}(y_i - \hat{y}_i)^2 \tag{9.21}$$

この両者の相対的な大きさにより，回帰直線の有効性を判断できます．たとえば，残差による変動が，回帰による変動よりもはるかに大きい場合，つまり式(9.22)の関係が成立する場合には，先の(1)の例に近くなり，回帰直線を求めてもその有効性は低いと考えられます．

$$\sigma_E^2 \gg \sigma_R^2 \tag{9.22}$$

逆に，回帰による変動が，残差による変動よりもはるかに大きい場合，つまり式(9.23)の条件が満たされる場合には，データ変動の大部分を回帰により説明できることになり，先の(2)の状態に近づきます．この場合の回帰直線は有効性が高いと考えられます．

$$\sigma_R^2 \gg \sigma_E^2 \tag{9.23}$$

両者の大小関係を比較するための一つの方法として，その比を取ることを考えてみます．

$$\frac{\sigma_R^2}{\sigma_E^2} \tag{9.24}$$

しかしながら，このような形で比を取ると，残差平方和σ_E^2がゼロに近づくにつれて，その値は無限に大きくなります．

一方，元データの分散σ_y^2とσ_R^2，σ_E^2との関係を調べてみると，以下のような関係が成り立つことが証明できます（演習課題B9.3）．

$$\sigma_y^2 = \sigma_R^2 + \sigma_E^2 \tag{9.25}$$

つまり，元データの分散は，回帰による分散と残差による分散に分解できるということです．ここで，式(9.24)に替わって，次のような比を取ることを考えてみます．

$$\frac{\sigma_R^2}{\sigma_y^2} = \frac{\sigma_R^2}{\sigma_R^2 + \sigma_E^2} \tag{9.26}$$

この値は，**回帰により説明できる変動がデータの全変動の内どれだけの割合を占めているのかを示す指標**（注9.1）であり，**決定係数**（以下，r^2と表記する）と呼ばれます．

注9.1：元データ（x_i, y_i）が，どの程度回帰直線上に乗っているかの指標と表現することもできます．

決定係数は，式 (9.27) に示されるように 0 から 1 の範囲の値を取り，$\sigma_R^2 \gg \sigma_E^2$ の時 1 に，逆に $\sigma_R^2 \ll \sigma_E^2$ の時に 0 に近づきます．

$$0 \leq r^2 = \frac{\sigma_R^2}{\sigma_y^2} = \frac{\sigma_R^2}{\sigma_R^2 + \sigma_E^2} \leq 1 \tag{9.27}$$

　また，決定係数の値が大きいほど，データ間の直線的相関関係は強くなります．

　次に決定係数の具体的な形を見てみましょう．まず，回帰で説明できるばらつき σ_R^2 は，式 (9.2) および式 (9.14) を用いて次のように表すことができます．

$$\begin{aligned}\sigma_R^2 &= \frac{1}{N}\sum_{i=1}^{N}(\hat{y}_i - \bar{y})^2 = \frac{1}{N}\sum_{i=1}^{N}(ax_i + b - \bar{y})^2 = \frac{1}{N}\sum_{i=1}^{N}(ax_i + \bar{y} - a\bar{x} - \bar{y})^2 \\ &= a^2 \frac{1}{N}\sum_{i=1}^{N}(x_i - \bar{x})^2 = a^2 \sigma_x^2 \\ &= a\sigma_{xy}^2 \end{aligned} \tag{9.28}$$

式 (9.16) と式 (9.28) より，決定係数は次のように表せます．

$$r^2 = \frac{\sigma_R^2}{\sigma_y^2} = \frac{a\sigma_{xy}^2}{\sigma_y^2} = a\frac{\frac{1}{N}\sum_{i=1}^{N}(x_i - \bar{x})(y_i - \bar{y})}{\frac{1}{N}\sum_{i=1}^{N}(y_i - \bar{y})^2} \tag{9.29}$$

さらに，式 (9.14) を用いると次のように表現できます．

$$\begin{aligned} r^2 &= \left\{ \frac{\frac{1}{N}\sum_{i=1}^{N}(x_i - \bar{x})(y_i - \bar{y})}{\frac{1}{N}\sum_{i=1}^{N}(x_i - \bar{x})^2} \right\} \left\{ \frac{\frac{1}{N}\sum_{i=1}^{N}(x_i - \bar{x})(y_i - \bar{y})}{\frac{1}{N}\sum_{i=1}^{N}(y_i - \bar{y})^2} \right\} \\ &= \frac{\left\{\frac{1}{N}\sum_{i=1}^{N}(x_i - \bar{x})(y_i - \bar{y})\right\}^2}{\frac{1}{N}\sum_{i=1}^{N}(x_i - \bar{x})^2 \frac{1}{N}\sum_{i=1}^{N}(y_i - \bar{y})^2} \end{aligned} \tag{9.30}$$

　決定係数の平方根を取ったものを相関係数（以下，r と表記する）と呼びます．相関係数は次式で定義され（注 9.2），式 (9.32) に示すように，-1 から 1 の範囲の値を取ります．

$$r = \frac{\frac{1}{N}\sum_{i=1}^{N}(x_i - \bar{x})(y_i - \bar{y})}{\sqrt{\frac{1}{N}\sum_{i=1}^{N}(x_i - \bar{x})^2 \frac{1}{N}\sum_{i=1}^{N}(y_i - \bar{y})^2}} \tag{9.31}$$

$$-1 \leq r \leq 1 \tag{9.32}$$

注 9.2：最初に決定係数 $r^2 (>0)$ を求めてから相関係数を算出する場合もあります．この際，回帰直線の傾き a が負の場合（$a<0$）には，$r = -\sqrt{r^2}$ として計算する必要があります．

$r=0$ の場合には $x,\ y$ は無相関となります．また，$|r|=1$ の場合には完全相関となり，データ群 (x_i, y_i) はすべて回帰直線上に乗ることになります．これらの値の中間つまり $0<|r|<1$ では，$|r|$ が大きいほど，データ群に見る二変量間の相関は強くなります．

相関係数に符号を持たせてあるのは，図9.4 および図9.5 に示されるような二つの相関パターンを識別するためです．図9.4 に示すように，x が増加するにつれて y も増加するような傾向（右上がりの分布）を示す場合を**正の相関**と呼び，逆に，図9.5 に示すように x が増加すると y が減少するような傾向（右下がりの分布）を示す場合を**負の相関**と呼びます．

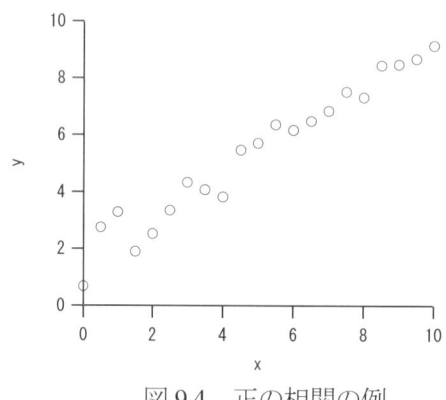

図 9.4　正の相関の例

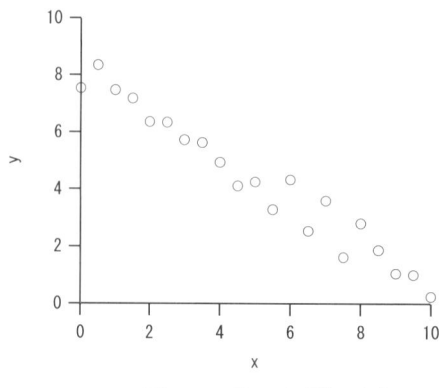

図 9.5　負の相関の例

最後に注意事項を述べておくことにします．相関係数は，直線的な変化傾向の強さを数値化したものであり，それがゼロであるということは，直線的な相関傾向は無いということを表しているにすぎません．直線的な変数間の対応関係は無くても曲線的な相関関係は存在する可能性があります．**単に数値としての相関係数を求めるのではなく，常に，散布図に立ち戻って変数間の関係に注意を払うことが大切**です（注9.3）．

注9.3：ばらつきを有する二変量データの分布を表す図のことを散布図と呼びます．

9.3 近似放物線の算定

第8章では,対象となるデータ群に最小自乗近似の考え方を適用して,回帰直線を求める手法を学習しました.ここでは,少し複雑な相関関係を持つデータ群にその手法を応用して,回帰曲線を求める手法を考えてみましょう(注9.4).

(例9.1) 地球環境の保全を目指した持続可能な開発(sustainable development)という視点の重要性が,広く一般に認識されつつあります.沿岸域における環境の維持あるいは修復に関して,干潟が非常に重要な役割を果たしていることが多くの研究により明らかにされています.ここでは,この干潟地形を最小自乗近似により放物線近似する例を取り上げてみましょう.

(a) 遠景　　　　　　　　(b) 測量風景
写真9.1　干潟風景(写真提供　山田文彦氏)

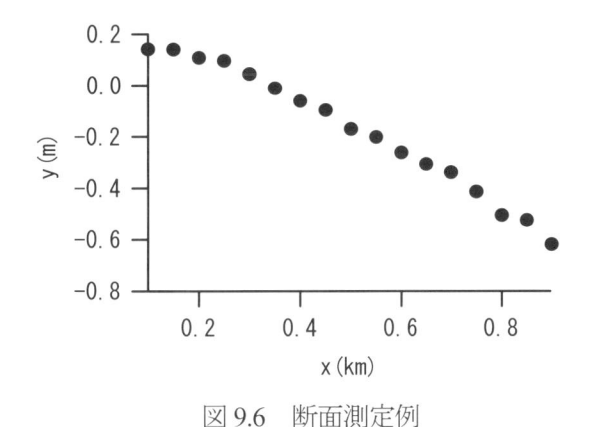

図9.6　断面測定例

図9.6は,熊本県白川の河口付近で干潟地形が岸沖方向にどのように変化しているのか実際に測定した結果を表示した例です(注9.5).数年間に渡って繰り返し実施された測量

注9.4:本書では最小自乗法の計算の流れの理解を優先したため厳密な意味での有効数字の取り扱いは行っていません.この点については姉妹書(近刊)で詳しく解説する予定です.

注9.5:測定データは,熊本大学山田文彦氏より提供していただきました.

結果から，この地点での干潟地形は，上に凸の放物線（二次曲線）でよくモデル化できることが確認されています．第8章では，最も簡単な形を持つ相関関係として，直線的な回帰式つまり回帰直線を求めることを試みました．ここでは，その手法を拡張して，以下のような二次（放物線型）の回帰曲線を求めてみましょう．

$$y = ax^2 + bx + c \tag{9.33}$$

第8章で示した手順に沿って誘導を進めると，まず，回帰曲線に対するデータの残差自乗和Sは，次式で計算されます．

$$S = \sum_{i=1}^{N} [y_i - (ax_i^2 + bx_i + c)]^2 \tag{9.34}$$

この値を最小にするために，式(9.34)をa, bおよびcで偏微分した結果をゼロとすると，次の三つの式が誘導できます．

$$\begin{aligned}\frac{\partial S}{\partial a} &= \sum_{i=1}^{N} 2[y_i - (ax_i^2 + bx_i + c)](-x_i^2) = \sum_{i=1}^{N}(-2x_i^2 y_i + 2ax_i^4 + 2bx_i^3 + 2cx_i^2) \\ &= -2\sum_{i=1}^{N} x_i^2 y_i + 2a\sum_{i=1}^{N} x_i^4 + 2b\sum_{i=1}^{N} x_i^3 + 2c\sum_{i=1}^{N} x_i^2 = 0\end{aligned} \tag{9.35}$$

$$\begin{aligned}\frac{\partial S}{\partial b} &= \sum_{i=1}^{N} 2[y_i - (ax_i^2 + bx_i + c)](-x_i) = \sum_{i=1}^{N}(-2x_i y_i + 2ax_i^3 + 2bx_i^2 + 2cx_i) \\ &= -2\sum_{i=1}^{N} x_i y_i + 2a\sum_{i=1}^{N} x_i^3 + 2b\sum_{i=1}^{N} x_i^2 + 2c\sum_{i=1}^{N} x_i = 0\end{aligned} \tag{9.36}$$

$$\begin{aligned}\frac{\partial S}{\partial c} &= \sum_{i=1}^{N} 2[y_i - (ax_i^2 + bx_i + c)](-1) = \sum_{i=1}^{N}(-2y_i + 2ax_i^2 + 2bx_i + 2c) \\ &= -2\sum_{i=1}^{N} y_i + 2a\sum_{i=1}^{N} x_i^2 + 2b\sum_{i=1}^{N} x_i + 2c\sum_{i=1}^{N} 1 \\ &= -2\sum_{i=1}^{N} y_i + 2a\sum_{i=1}^{N} x_i^2 + 2b\sum_{i=1}^{N} x_i + 2cN = 0\end{aligned} \tag{9.37}$$

式(9.35), (9.36), および(9.37)の三式を行列を用いて表記すると，以下のようになります．

$$\begin{pmatrix} \sum_{i=1}^{N} x_i^4 & \sum_{i=1}^{N} x_i^3 & \sum_{i=1}^{N} x_i^2 \\ \sum_{i=1}^{N} x_i^3 & \sum_{i=1}^{N} x_i^2 & \sum_{i=1}^{N} x_i \\ \sum_{i=1}^{N} x_i^2 & \sum_{i=1}^{N} x_i & N \end{pmatrix} \begin{pmatrix} a \\ b \\ c \end{pmatrix} = \begin{pmatrix} \sum_{i=1}^{N} x_i^2 y_i \\ \sum_{i=1}^{N} x_i y_i \\ \sum_{i=1}^{N} y_i \end{pmatrix} \tag{9.38}$$

この連立方程式を解けば，a, b, cの値が得られることになります．この結果を利用して図9.7に示した測量結果を放物線近似してみましょう．

図9.7に示したデータをすべて用いると紙面を取るので，それらの中から表9.1に示す5点を選び出して用いることにします．

表 9.1 干潟地形の測量結果

x_i (km)	y_i (m)
0.100	0.140
0.300	0.044
0.500	−0.170
0.700	−0.338
0.900	−0.620

表 9.2 測量データの集計結果

番号	x_i	y_i	x_i^2	x_i^3	x_i^4	$x_i y_i$	$x_i^2 y_i$
1	0.100	0.140	0.010	0.001	0.000	0.014	0.001
2	0.300	0.044	0.090	0.027	0.008	0.013	0.004
3	0.500	−0.170	0.250	0.125	0.063	−0.085	−0.043
4	0.700	−0.338	0.490	0.343	0.240	−0.237	−0.166
5	0.900	−0.620	0.810	0.729	0.656	−0.558	−0.502
合計	2.500	−0.944	1.650	1.225	0.967	−0.852	−0.705

まず，式 (9.38) の計算に必要な数値を表の形で集計すると表 9.2 のようになります．したがって，連立方程式は次のようになり，

$$\begin{pmatrix} 0.967 & 1.225 & 1.650 \\ 1.225 & 1.650 & 2.500 \\ 1.650 & 2.500 & 5.000 \end{pmatrix} \begin{pmatrix} a \\ b \\ c \end{pmatrix} = \begin{pmatrix} -0.705 \\ -0.852 \\ -0.944 \end{pmatrix} \tag{9.39}$$

これを解くと以下の回帰式が得られます．図 9.7 から，この回帰曲線は地形変化の傾向を良く表していることが確認できます．

$$y = -0.582x^2 - 0.369x + 0.188 \tag{9.40}$$

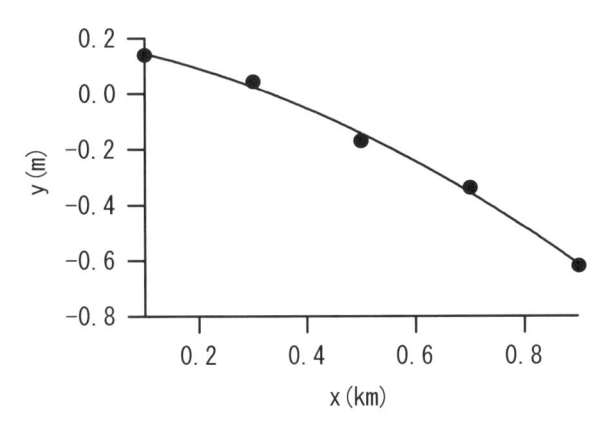

図 9.7 観測データと回帰曲線

9.4 対数関数の活用例

第 9.3 節では，あらかじめ二次関数の形を仮定して最小自乗近似の考え方を適用し，回帰曲線を誘導しました．本節では，二つの変量がべき乗型 ($y = ax^n$) の関係で結び付けられる場合を取り上げ，y が x の何乗に比例すると考えるのが妥当なのか，最小自乗近似の考え方に基づいてその値を見出していく手法を学びます．具体例として，次のような問題を考えてみましょう（本例題は，五十嵐心一氏に提供していただきました）．

（例 9.2）橋梁やビル等の構造物の建設工事においては，コンクリートや鋼材などの多様な材料が利用されます．この場合，工事に使用される材料が所要の性能を持つかどうかを調べることはきわめて重要で，その性能の一つに材料の「硬さ」（硬度）が挙げられます．硬さの試験としては，硬いものをその材料に一定の力で押し付け，そのとき材料表面に残ったへこみ（圧痕）の大きさから，その材料の硬さを判定する手法が一般的です（図 9.8 および写真 9.2 参照）．

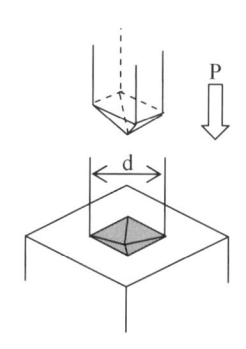

図 9.8　硬さ試験方法の例

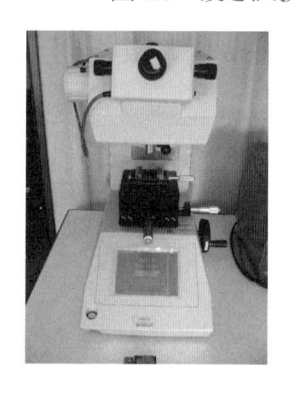

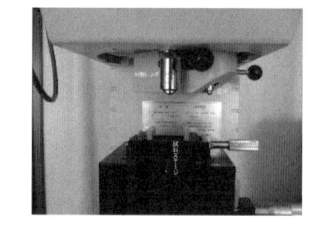

写真 9.2　硬さ試験に用いられる試験装置（写真提供　五十嵐心一氏）

ある硬さ試験方法では，材料に作用する荷重 P と圧痕の大きさ d との間には，次式のような関係が成立するとします．

$$P = K_L d^n \tag{9.41}$$

ここで，K_L および n は材料の性質を表す数値であり，実験により求められます．

今，あるセメントペーストについて硬さ試験を行ったところ，表 9.3 に示すような結果が得られたとします．この結果に最小自乗近似の考え方を適用することにより，K_L と n の値を求めてみましょう．

表9.3　セメントペーストの硬さ試験結果

荷重 P(g)	圧痕の大きさ d（μm）
5.0	5.85
10.0	7.42
15.0	8.92
20.0	10.30
25.0	11.06

回帰曲線の式 (9.41) の両辺の**自然対数**を取ると，次のような変換式が得られます．

$$\ln P = \ln K_L + n \ln d \tag{9.42}$$

ここで，次のような置き換えを考えてみましょう．

$$\ln P = Y \tag{9.43}$$
$$\ln K_L = m \tag{9.44}$$
$$\ln d = X \tag{9.45}$$

この時，式 (9.42) は以下のような直線の式になります．

$$Y = nX + m \tag{9.46}$$

つまり，縦軸に P の自然対数（$Y = \ln P$），横軸に d の自然対数（$X = \ln d$）をとると，P と d の関係は，傾きが n，y 切片が $m = \ln K_L$ の直線で表されるということです．つまり，n 乗に比例する関係式で結び付けられる二変量の両方を対数変換した場合（**両対数変換**と呼ばれる），その関係は，傾き n の直線に変換されるということです．逆に言えば，**両対数グラフ上で傾き n の直線で二変量の関係が表される場合，その両者の間には，n 乗に比例する関係がある**ということになります．

式 (9.46) の形まで持ち込めれば，第 8 章で学んだ最小自乗近似直線の決定手法が適用できます．まず，最小自乗近似で n, m の値を決定し，次にその m の値を用いて K_L を計算すれば良いでしょう．ここで，データの変換結果を整理してまとめると表 9.4 のようになります．この結果を，第 8 章で導いた最小自乗近似直線の係数算出式に代入すると，n, m が以下のように求められます．

$$n = \frac{\sum_{i=1}^{N} X_i Y_i - N\overline{X}\overline{Y}}{\sum_{i=1}^{N} X_i^2 - N\overline{X}^2} \approx 2.45 \tag{9.47a}$$

表 9.4 両対数変換後のデータ

P	d	$Y_i=\ln P$	$X_i=\ln(d)$	X_i^2	$X_i Y_i$
5.0	5.85	1.61	1.77	3.12	2.84
10.0	7.42	2.30	2.00	4.02	4.61
15.0	8.92	2.71	2.19	4.79	5.93
20.0	10.30	3.00	2.33	5.44	6.99
25.0	11.10	3.22	2.41	5.79	7.75
	合計	12.83	10.70	23.16	28.12
	平均	2.57	2.14	4.63	5.62

$$m = \overline{Y} - n\overline{X} \approx -2.67 \tag{9.47b}$$

この m の値を用いると，K_L が以下のように求められます．

$$K_L = e^m = e^{-2.67} = 0.069 \tag{9.48}$$

対数軸上での回帰直線（$Y=nX+m$）および通常の座標軸に戻した時の回帰曲線（$P=K_L d^n$）を図 9.9 および図 9.10 に示しておきます．

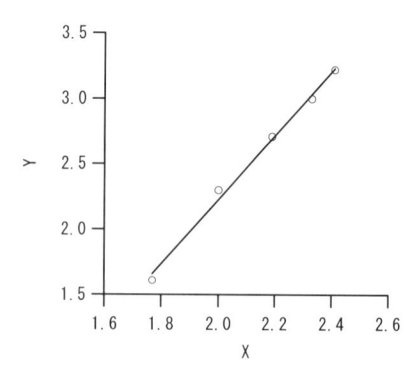

図 9.9 対数軸上での回帰直線

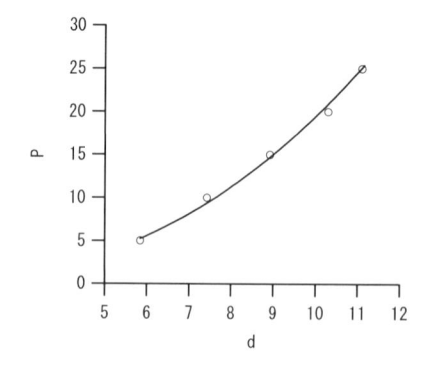

図 9.10 回帰曲線

演習課題

A. 学習事項に対するイメージの把握＋記述能力向上を目指したトレーニング

A9.1 図解あるいは箇条書き等を用いて，本章の学習内容のポイントを A4 用紙一枚にまとめて記述せよ．なお，説明用の図を必ず含めること．

B. 反復練習による習熟度の向上を目指したトレーニング

B9.1 第 8 章で用いた気温データに対する回帰直線の係数値を式 (9.7)，式 (9.10) および式 (9.14) を用いて計算せよ．

表 9.5　10 年ごとの期間平均値

年	平均値（℃）
0	5.6
10	5.9
20	6.3
30	7.0

B9.2 上の問題で使用したデータに関して相関係数を求めよ．

B9.3 第 9.2 節で用いた式 (9.25) が成立することを証明せよ．
$$\sigma_y^2 = \sigma_R^2 + \sigma_E^2$$

C. 総合的な英文読解力と学習内容の理解度向上を目指したトレーニング

C9.1 以下の英文を日本語に翻訳せよ．

　The correlation coefficient gives the strength of an association between variables. An association between variables means that the value of one variable can be predicted by the value of the other variable. For a set of variable pairs, the correlation coefficient describes how well the predicted values from a regression line fit with the real data. If there is no relationship between the predicted values and the actual values the correlation coefficient is 0 or very low.

　(注) correlation coefficient：相関係数, variable：変数，変量, predicted values：予測値, regression line：回帰直線,

演習問題解答例

A9.1 省略

B9.1 データを整理すると以下のようになります．

番号	x	y	x^2	xy	$x-\bar{x}$	$y-\bar{y}$	$(x-\bar{x})^2$	$(x-\bar{x})*(y-\bar{y})$	$(y-\bar{y})^2$
1	0	5.60	0.00	0.00	–15.00	–0.60	225.00	9.00	0.36
2	10	5.90	100.00	59.00	–5.00	–0.30	25.00	1.50	0.09
3	20	6.30	400.00	126.00	5.00	0.10	25.00	0.50	0.01
4	30	7.00	900.00	210.00	15.00	0.80	225.00	12.00	0.64
合計	60	24.80	1400.00	395.00	0.00	0.00	500.00	23.00	1.10
平均	15	6.20	350.00	98.75	0.00	0.00	125.00	5.75	0.28

したがって，式 (9.7) より，$a = 0.046$

式 (9.14) より，$a = 0.046$

式 (9.10) より，$b = 5.51$

B9.2 上記の表の値を式 (9.31) に代入すると，$r = 0.98$

B9.3 まず，σ_y^2, σ_R^2, σ_E^2 の定義より，

$$\sigma_y^2 = \frac{1}{N}\sum_{i=1}^{N}(y_i-\bar{y})^2 = \frac{1}{N}\sum_{i=1}^{N}(y_i-\hat{y}_i+\hat{y}_i-\bar{y})^2 = \frac{1}{N}\sum_{i=1}^{N}\left[(y_i-\hat{y}_i)^2+(\hat{y}_i-\bar{y})^2+2(y_i-\hat{y}_i)(\hat{y}_i-\bar{y})\right]$$

$$= \sigma_E^2 + \sigma_R^2 + \frac{2}{N}\sum_{i=1}^{N}\left[(y_i-\hat{y}_i)(\hat{y}_i-\bar{y})\right]$$

ここで，式 (9.17) 及び (9.14) より，

$$\sum_{i=1}^{N}\left[(y_i-\hat{y}_i)(\hat{y}_i-\bar{y})\right] = \sum_{i=1}^{N}\left[(y_i-ax_i+a\bar{x}-\bar{y})(ax_i-a\bar{x}+\bar{y}-\bar{y})\right]$$

$$= \sum_{i=1}^{N}\left[a(x_i-\bar{x})\{(y_i-\bar{y})-a(x_i-\bar{x})\}\right] = a\sum_{i=1}^{N}\left[(x_i-\bar{x})(y_i-\bar{y})\right] - a^2\sum_{i=1}^{N}\left[(x_i-\bar{x})^2\right]$$

$$= aN\sigma_{xy}^2 - a^2N\sigma_x^2 = aN(\sigma_{xy}^2 - a\sigma_x^2) = aN(\sigma_{xy}^2 - \sigma_{xy}^2) = 0$$

したがって，$\sigma_y^2 = \sigma_R^2 + \sigma_E^2$

C9.1 相関係数は，変量（変数）間の相関関係の強さを与える．変量間の相関関係とは，一方の変量の値が，もう一方の値から予測できるということを意味する．一連の変量の組に対して，相関係数は回帰直線による予測値がどの程度実際のデータに合致するのかを示す．予測値と実測値との間に関係が無い場合には，相関係数はゼロあるいは非常に小さな値となる．

第 10 章　問題演習-2

概要：第 6 章から第 9 章では，気温の時間変化や地形の空間変化といった事例を題材にして，データの代表値の算出法や残差を最小にするような回帰直線・回帰曲線の決定法などを学んできました．ここでは，具体的な問題演習を通じてその理解を深めることとします．

キーワード：分散，標準偏差，最小自乗近似，片対数変換

予備知識：第 6 章から第 9 章で学んだ内容を理解していることを前提としています．

関連事項：第 6 章から第 9 章で学んだ内容を振り返って確認し，自分のものとして定着させるための章です．一つ一つの項目をしっかりと復習して下さい．

学習目標：以下の各項目を達成することが学習目標設定の目安となります．

> (1) 与えられたデータに対して，平均，分散，標準偏差の値を計算できる．
> (2) 最小自乗近似法を用いて，二変量データから回帰直線を求めることができる．
> (3) 最小自乗近似法を用いて，二変量データから回帰曲線を求めることができる．

要望：以下のような感覚や習慣を育むきっかけとして，この教材が少しでも役立つことを期待しています．

- 数学の講義で学んだ知識を応用することで，身近な現象の予測や解釈ができることを感覚的につかむ．
- 数式の持つ図形的意味を探りながら，視覚的に考えることを習慣付ける．
- 新しい技術を身に付けようとする過程では，まず具体的な事例にあたってイメージをつかみ，次にその経験を一般化することを習慣付ける．

これまで出来なかったことを，一つずつできるようにする！

10.1 アンケート調査結果の整理

都市計画の立案準備を行う際には，各種調査およびその統計処理を行って，結果を集約する過程が不可欠です．ここでは，簡単なアンケート調査を集計する例を取り上げてみましょう（本例題は小林史彦氏に提供していただきました．）．

(問) ある地区の居住者に対し，1980年，2000年の2回，アンケート調査を行い，表10.1に示すような，全居住者の年齢データを得たとします．

(1) 各調査時点の居住者年齢について，20歳年齢階級の度数分布表およびヒストグラムを作成して下さい．

(2) 各調査時点の居住者年齢の平均値，分散，標準偏差を求めて下さい．

表10.1 1980年および2000年におけるA地区の居住者年齢（歳）

1980(年)	3	9	12	16	20	27	33	36	38	40	41	49	48	59	57	53	52	63	70	81
2000(年)	23	77	7	37	15	47	53	56	33	45	62	47	68	45	15	73	72	83	90	82

(解答例)

(1) まず，度数分布表は表10.2のようになります．この度数分布に対応するヒストグラムを示したものが図10.1です．

(2) 1980年における居住者年齢の平均値，分散，標準偏差はそれぞれ式(10.1)から式(10.3)に示すように計算できます．

$$（平均値）\quad \bar{x} = \frac{1}{N}\sum_{i=1}^{N} x_i = 40.4 \text{ 歳} \tag{10.1}$$

$$（分散）\quad s^2 = \frac{1}{N}\sum_{i=1}^{N}(x_i - \bar{x})^2 = 427.3 \tag{10.2}$$

表10.2 居住者年齢の度数分布

階級	1980年（度数）	2000年（度数）
0〜19歳	4	3
20〜39歳	5	3
40〜59歳	8	6
60〜79歳	2	5
80〜99歳	1	3
合計	20	20

(a) 1980 年

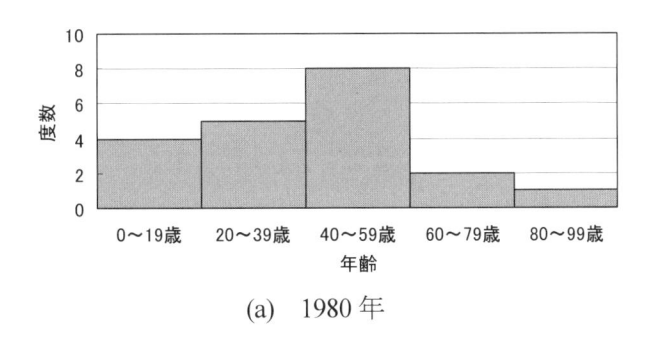

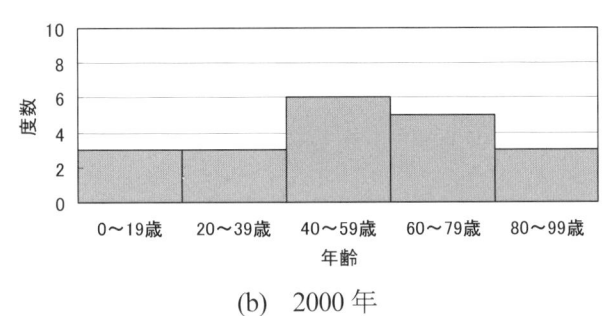

(b) 2000 年

図 10.1　居住者年齢のヒストグラム

$$(標準偏差)\quad \sigma = \sqrt{s^2} = \sqrt{\frac{1}{N}\sum_{i=1}^{N}(x_1-\bar{x})^2} = 20.7 \tag{10.3}$$

また，2000年における平均値，分散，標準偏差は，それぞれ式(10.4)から式(10.6)に示すようになります．

$$(平均値)\quad \bar{x} = \frac{1}{N}\sum_{i=1}^{N}x_i = 51.5 歳 \tag{10.4}$$

$$(分散)\quad s^2 = \frac{1}{N}\sum_{i=1}^{N}(x_i-\bar{x})^2 = 573.9 \tag{10.5}$$

$$(標準偏差)\quad \sigma = \sqrt{s^2} = \sqrt{\frac{1}{N}\sum_{i=1}^{N}(x_1-\bar{x})^2} = 24.0 \tag{10.6}$$

10.2　海岸の侵食速度

日本は四方を海に囲まれた島国であり，三陸地方や伊勢志摩に見られるようなリアス式海岸，千葉の九十九里浜や能登半島の千里浜に代表される弓なりの砂浜海岸など，各地で美しい景勝を作りあげています．一般に，海岸線の形状は様々な要因により変化しており，全国的に見れば，河川上流部に建設されたダムの影響や，コンクリート骨材に使用するた

めの砂利採取の影響で，長期的に侵食が進む地域も多く存在します．このような海岸侵食の進行速度に関する例題を取り上げてみましょう．

(問) 海岸の一地点において海岸線に直交する方向に L 軸を取り，1960 年以降の海岸線の位置を航空写真に基づいて調査して，表 10.3 に示す結果を得たとします．なお，L 軸は岸側から沖側に向かう方向を正とし，海岸線位置は基準点からの水平距離で表現されるものとします（図 10.2）．

この海岸における海岸線の後退速度は，一年あたりどの程度の値となるでしょうか．また，現在の状況がこれからも続くとすると，2010 年には海岸線はどの位置まで後退すると予測されるでしょうか．

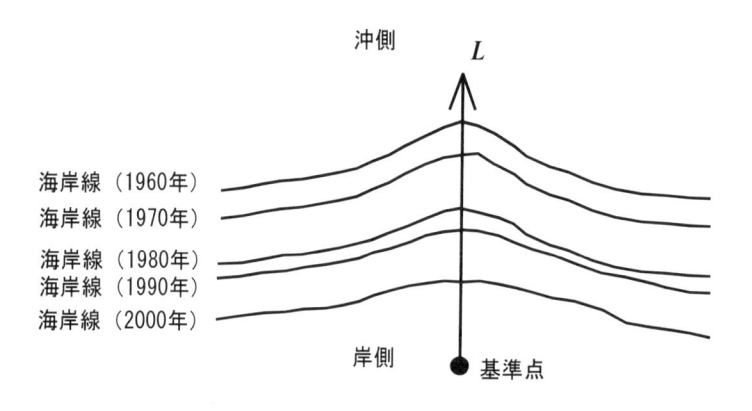

図 10.2　測線の方向と海岸線の位置

表 10.3　海岸線位置の変化

年	海岸線位置(m)
1960	105
1970	89
1980	53
1990	45
2000	12

(解答例)　海岸線の位置を L，時間を T で表し，式 (10.7) の形の回帰直線を最小自乗近似に基づいて求めることを考えます．

$$L = aT + b \tag{10.7}$$

ここで，計算を簡単にするために，1960 年代を時間の起点として，そこから 10 年，20 年，30 年後のデータという形で時間を追っていくことにします．回帰直線の係数 a, b を算出するためにデータ整理を行うと，その結果は以下のようになります．

表 10.4 データ整理結果

	T_i	L_i	T_i^2	$T_i L_i$
1960 年	0	105	0	0
1970 年	10	89	100	890
1980 年	20	53	400	1060
1990 年	30	45	900	1350
2000 年	40	12	1600	480
合計	100	304	3000	3780
平均	20	60.8		

以上の結果を用いると，式 (8.16) より，回帰直線の係数 a は，次式により算出されます．

$$a = \frac{\sum_{i=1}^{N} T_i L_i - N\bar{T}\bar{L}}{\sum_{i=1}^{N} T_i^2 - N\bar{T}^2} = \frac{3780 - 5 \times 20 \times 60.8}{3000 - 5 \times 20^2} = -2.30 \quad (\text{m/年}) \tag{10.8}$$

すなわち，海岸線は一年あたり約 2.30m の割合で後退しています．

この時の b の値は，次のように求められます．

$$b = \bar{y} - a\bar{x} = 60.8 + 2.30 \times 20 = 106.8 \quad (\text{m}) \tag{10.9}$$

したがって，回帰直線は次のように決定されます．

$$L = -2.30\,T + 106.8 \tag{10.10}$$

式 (10.10) に $T=50$ を代入すると次式が得られます．

$$L = -2.30 \times 50 + 106.8 = -8.2\,(\text{m}) \tag{10.11}$$

これより，10 年後の海岸線の位置は，岸側へ 8.2m の位置まで後退していると予測されます．

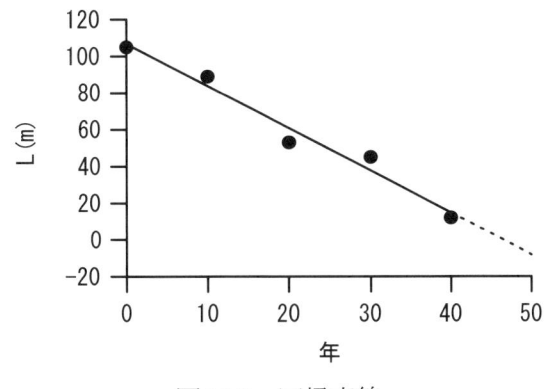

図 10.3 回帰直線

10.3 河川水位と流量の関係

河川の水位や流量の特性を把握することは，洪水災害を未然に防ぐための計画を立案する上で重要です．ここでは，河川の流量と水位の関係を例に取り，最小自乗近似により回帰曲線（放物線）を決定する方法を考えてみましょう．

(問) 河川の流量 $Q(\mathrm{m^3/s})$ と水位（注10.1）$h(\mathrm{m})$ の間には，二次関数的な関係があることが知られています．表10.5に示すデータに対して前節で誘導した式を適用して，下記に示す形の近似曲線を決定してみましょう．

$$Q = ah^2 + bh + c \tag{10.12}$$

表10.5 河川流量と水位に関するデータ例

h_i (m)	Q_i ($\times 10^3 \mathrm{m^3/s}$)
1.02	0.09
1.21	0.13
1.73	0.24
0.85	0.07
1.36	0.14

(解答例) まず，Q を y に，h を x に対応させて第9.3節で誘導した式(9.38)の各係数の数値を表の形で計算すると表10.6のようになります．したがって，連立方程式は以下のようになります．

$$\begin{pmatrix} 16.13 & 11.14 & 8.07 \\ 11.14 & 8.07 & 6.17 \\ 8.07 & 6.17 & 5.00 \end{pmatrix} \begin{pmatrix} a \\ b \\ c \end{pmatrix} = \begin{pmatrix} 1.31 \\ 0.91 \\ 0.67 \end{pmatrix} \tag{10.13}$$

これを解くと式(10.14)の回帰式が得られます（図10.4参照）．

$$Q = 0.103h^2 - 0.074h + 0.060 \tag{10.14}$$

表10.6 河川流量と水位に関するデータ整理結果

番号	h_i	Q_i	h_i^2	h_i^3	h_i^4	$h_i Q_i$	$h_i^2 Q_i$
1	1.02	0.09	1.04	1.06	1.08	0.09	0.09
2	1.21	0.13	1.46	1.77	2.14	0.16	0.19
3	1.73	0.24	2.99	5.18	8.96	0.42	0.72
4	0.85	0.07	0.72	0.61	0.52	0.06	0.05
5	1.36	0.14	1.85	2.52	3.42	0.19	0.26
合計	6.17	0.67	8.07	11.14	16.13	0.91	1.31

注10.1：水位とは，ある基準位置から河川の水面までの高さを示すもので，河床から水面までの高さを示すものではありません．

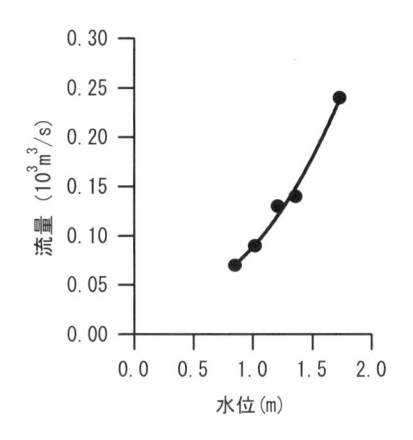

図 10.4 観測データと回帰曲線

10.4 雨滴の落下速度：片対数変換の活用

第 9.4 節では，べき乗型の相関式を対象とし，両対数変換を適用することで回帰計算を実施できることを学びました．ここでは，類似のケースとして，変数の一方だけを対数変換して，関係式を求める手法（**片対数変換**）を取り上げてみます．

次のような形の関係式を求めることを考えてみましょう．

$$y = be^{ax} \quad (b > 0) \tag{10.15}$$

第 9.4 節の時と同様に，両辺の自然対数を取ってみると次のようになります．

$$\ln y = ax + \ln b \tag{10.16}$$

式 (10.16) を直線回帰に対応させるため，次のような置き換えを行います．

$$\ln y = Y \tag{10.17}$$

$$\ln b = B \tag{10.18}$$

すると，式 (10.15) は以下に示すような直線の式になります．

$$Y = ax + B \tag{10.19}$$

ここまで変換できれば，後は回帰直線を求める通常の手順と同様の扱いが可能です．この例では，x, y の二変数の内，y の方だけを対数変換して処理していることから，このような変換を片対数変換と呼んでいます．この片対数変換を使った例を紹介しましょう．

（問）大気中を水滴（雨滴）が自由落下する場合を考えてみます．最終的に，重力と空気抵抗が釣り合った状態において，水滴が一定速度で落下する際の速度（最終落下速度）と

水滴の粒径との関係を測定して,図10.5および表10.7に示すような測定結果を得たとします.

水滴の落下速度は,その径が大きくなるに従って増加しますが,その増加の割合は徐々に小さくなり,最大値に漸近していきます.今,落下速度V(m/s)と粒径D(mm)の関係式として,式(10.20)のような形を仮定し,その係数α, βを測定データから求めてみましょう.

$$V = 9.6 - \beta e^{\alpha D} \quad (\beta > 0) \tag{10.20}$$

ここでは,粒径が非常に大きくなった時,最終落下速度は9.6(m/s)に漸近することを仮定しています.

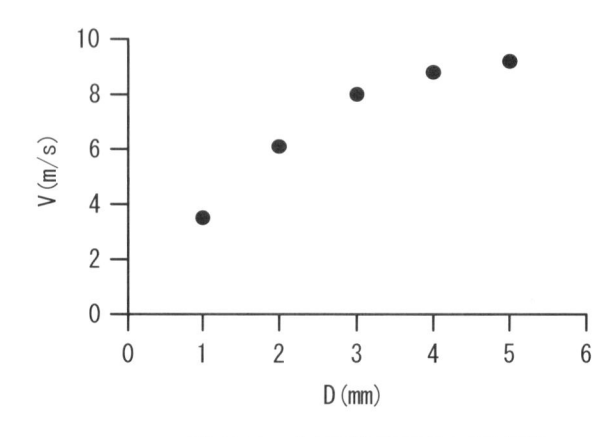

図10.5 水滴落下速度の測定例

表10.7 粒径と最終落下速度の関係

D(mm)	V(m/s)
1.0	3.5
2.0	6.1
3.0	8.0
4.0	8.8
5.0	9.2

(解答例)まず,式(10.15)と形を揃えるために,次のような変数変換を取り入れます.

$$V' = 9.6 - V \tag{10.21}$$

この時,式(10.20)は,以下のように書き換えられます.

$$V' = \beta e^{\alpha D} \quad (\beta > 0) \tag{10.22}$$

これを対数変換すると,次式を得ます.

$$\ln V' = \alpha D + \ln \beta \tag{10.23}$$

さらに，次のような置き換えを実施します．

$$\ln V' = Y \tag{10.24}$$

$$\ln \beta = B \tag{10.25}$$

すると，式(10.20)は以下のようになり，式(10.19)と同形の直線として表現されます．

$$Y = \alpha D + B \tag{10.26}$$

表10.7で与えられるデータに対し，式(10.21)および(10.22)の変換を施して集計した結果を表10.8に示します．この結果を，第8章で導いた最小自乗近似曲線の係数算出式に代入すると，αおよびBが以下のように求められます．

表10.8 対数変換後のデータ整理結果

番号	D_i(mm)	V_i(m/s)	V_i'	Y_i	D_i^2	$D_i Y_i$
1	1.0	3.5	6.1	1.81	1.0	1.81
2	2.0	6.1	3.5	1.25	4.0	2.50
3	3.0	8.0	1.6	0.47	9.0	1.41
4	4.0	8.8	0.8	−0.22	16.0	−0.88
5	5.0	9.2	0.4	−0.92	25.0	−4.60
合計	15.00			2.39	55.00	0.24
平均	3.00			0.48		

$$\alpha = \frac{\sum_{i=1}^{N} D_i Y_i - N \overline{D}\, \overline{Y}}{\sum_{i=1}^{N} D_i^2 - N \overline{D}^2} = \frac{0.24 - 5 \times 3.0 \times 0.48}{55.0 - 5 \times 3^2} \approx -0.70 \tag{10.27a}$$

$$B = \overline{Y} - \alpha \overline{D} = 0.48 - (-0.70) \times 3.0 = 2.58 \tag{10.27b}$$

このBの値を用いると，式(10.25)は次のようになります．

$$\ln \beta = 2.58 \tag{10.28}$$

上式を解くと，βが以下のように求められます．

$$\beta = e^{2.58} \approx 13.2 \tag{10.29}$$

したがって，落下速度と粒径の関係式は以下のように表されます．

$$V = 9.6 - 13.2 e^{-0.7D} \quad (\beta > 0) \tag{10.30}$$

この曲線を図10.6にデータと合わせて示しておきます．

図 10.6　回帰曲線

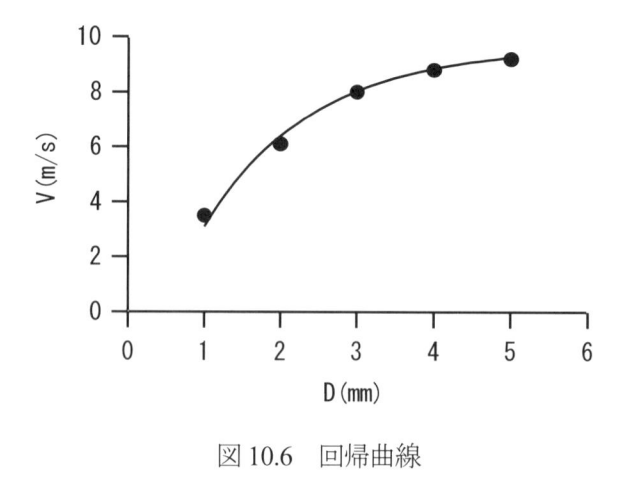

第 3 篇：数値シミュレーションを体験してみよう

第 11 章　数値シミュレーションのしくみに触れてみる

＜微分を差分で近似する＞

概要：第 3 篇では，数値シミュレーションにより物理現象を解析する過程を体験してみます．ここで取り上げる差分法という手法は，複雑な微分方程式を四則演算で表現される近似式の組み合わせに置き換えて計算を行う方法の一つで，自然科学の広い分野で活用されています．微分を含む方程式に対してどのような考え方で近似を行えば良いのか？　最も簡単な例から学ぶことにしましょう．

キーワード：微分方程式，差分法，差分式，近似精度，打ち切り誤差

予備知識：高校で学習してきた微分に関する基礎知識と第 1 章で学んだテイラー展開の基礎知識を前提としています．具体的には次の二点が必要とされます．
(1) 関数の変化率＝接線の傾き＝関数の一階微分値であることを理解していること
(2) 一変数関数のテイラー展開ができること

関連事項：第 12 章から第 14 章の内容を理解するための基本となる部分です．図形的なイメージと式の誘導過程をしっかり理解しておいて下さい．

学習目標：以下の各項目を達成することが学習目標設定の目安となります．

---
(1) 差分法により常微分方程式の初期値問題を解くことの図形的イメージをつかむ．
(2) 与えられた差分式に対して，その精度評価を行うことができる．
(3) 与えられた微分式に対して，指定された精度の差分近似式を求めることができる．

要望：以下のような感覚や習慣を育むきっかけとして，この教材が少しでも役立つことを期待しています．

・数学の講義で学んだ知識を応用することで，身近な現象の予測や解釈ができることを感覚的につかむ．
・数式の持つ図形的意味を探りながら，視覚的に考えることを習慣付ける．
・新しい技術を身に付けようとする過程では，まず具体的な事例にあたってイメージをつかみ，次にその経験を一般化することを習慣付ける．

　　　　これまで出来なかったことを，一つずつできるようにする！

11.1 テイラー展開を利用して微分方程式を近似的に解く

自然科学・社会科学の多くの分野において，解明すべき物理・社会現象を表現するために**微分方程式**によるモデルが広く用いられています．微分方程式は，その式中に微分項を含んでいます（注11.1）．そのため，比較的簡単なものは厳密な形で理論的に解くことができますが，複雑な現象に対応したものは，解析的には（紙と鉛筆だけでは）解くことができません．このため，近年では，コンピュータシミュレーションにより近似的に扱われることも多くなっています．第11章以降では，コンピュータの発達に伴って進展の著しい数値シミュレーション手法のうち，最も直観的に理解しやすい**"差分法"**という手法を取り上げて，その一端に触れてみることにします．

まず手始めに，時間 t の関数 $f(t)$ について，次のような簡単な微分方程式を考えてみましょう（注11.2）．

$$\frac{df(t)}{dt} = 2t \tag{11.1a}$$

$$f(0) = 1 \quad \text{（初期条件）} \tag{11.1b}$$

まず，この問題に対する厳密解を求めてみましょう．式(11.1a)を t で積分すると次式のように表されます．

$$f(t) = t^2 + C \tag{11.2a}$$

ここで，Cは積分定数で，(11.1b)の条件から次のように決定されます．

$$C = 1 \tag{11.2b}$$

よって，$f(t)$ の厳密解 $f_e(t)$ は次のように求められます．

$$f_e(t) = t^2 + 1 \tag{11.3}$$

次に，テイラー展開を用いて近似解を求めてみましょう．ここでは議論を簡単にするため，テイラー展開の一次近似を考えると，次式が得られます．

$$f(t_0 + \Delta t) \approx f(t_0) + \left.\frac{df}{dt}\right|_{t=t_0} \Delta t \tag{11.4}$$

上式に $t_0 = 0$，$\Delta t = 0.1$ を代入すると，$t = 0.1$ における $f(t)$ の近似値として，次式を得ます．

$$f_a(0.1) = f_a(0 + 0.1) \approx f(0) + \left.\frac{df}{dt}\right|_{t=0} \times 0.1 = 1 + 0 \times 0.1 = 1 \tag{11.5a}$$

注11.1：常微分のみを含むものを常微分方程式，偏微分を含むものを偏微分方程式と呼びます．

注11.2：解となる関数の初期値が与えられて，それを満足する解を求めるという意味で，常微分方程式の初期値問題と呼ばれます．一方，解となる関数の境界値が与えられてその解を求める問題を境界値問題と呼びます．

さらに，$t_0 = 0.1$，$\Delta t = 0.1$ としてもう一度テイラー展開を用いると，次の結果を得ます．

$$f_a(0.2) = f_a(0.1+0.1) \approx f_a(0.1) + \left.\frac{df}{dt}\right|_{t=0.1} \times 0.1 = 1 + 0.2 \times 0.1 = 1.02 \quad (11.5b)$$

再度テイラー展開を用いると，下記に示す近似値が得られます．

$$f_a(0.3) = f_a(0.2+0.1) \approx f_a(0.2) + \left.\frac{df}{dt}\right|_{t=0.2} \times 0.1 = 1.02 + 0.4 \times 0.1 = 1.06 \quad (11.5c)$$

一方，この問題に対する厳密解は，式 (11.3) より，以下のようになります．

$$f_e(0.1) = (0.1)^2 + 1 = 1.01 \quad (11.6a)$$

$$f_e(0.2) = (0.2)^2 + 1 = 1.04 \quad (11.6b)$$

$$f_e(0.3) = (0.3)^2 + 1 = 1.09 \quad (11.6c)$$

両者を比較してみると，テイラー展開による近似値は，相対誤差 2〜3%程度で，良好な予測値を与えていることが分かります．ちなみに，先の近似手順を 10 回繰り返すと，$t=1$ での近似値として，次の値が得られます．

$$f_a(1.0) = 1.9 \quad (11.7a)$$

テイラー展開の t の増分値 Δt を，$\Delta t = 0.01$ とより小さい値に設定し，近似計算を 100 回繰り返すと，$t=1.0$ での近似値は，次式で与えられます．

$$f_a(1.0) = 1.99 \quad (11.7b)$$

他方，厳密解の値は，以下の通りです．

$$f_e(1.0) = 2.00 \quad (11.7c)$$

以上のことから，テイラー展開に基づく近似値はかなり良い予測値を与えること（注 11.3）が確認できます．また，Δt を小さく取ることで，より精度の良い近似値が得られることも確認できます．

11.2 微分を差分で近似する

第 11.1 節では，微分方程式の厳密解（解析解）と近似解の二つを求めて，その比較を行いました．ここでは，両者の幾何学的意味を考えてみます．前節では，解析解を求めるにあたって，式 (11.1a) を積分し，式 (11.1b) を満たすように積分定数を決定して，式 (11.3) を求めました．図形的には，これは，初期値 $(t, f(t)) = (0,1)$ を通り，いたるところで式 (11.1a) の関係を満たすような曲線（この場合は放物線）を描いたことに相当します（図 11.1）．一方，近似解を求めるにあたっては，初期値 $(t, f(t)) = (0,1)$ から出発し，テイラー展開の一次近似式を

注 11.3：近似精度の良し悪しは，問題を解く際にどの程度まで誤差が許容されるのかということを基準に判断されます．ここで，"かなり良い"というのは，イメージ的な表現と解釈して下さい．

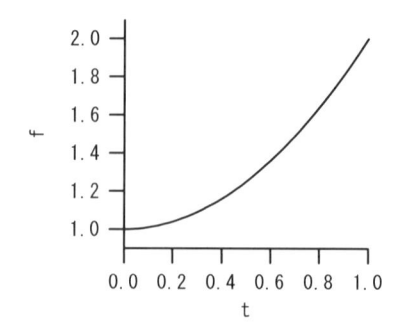

図 11.1　微分方程式の初期値問題(11.1)に対する厳密解

用いて，$t = 0.1,\ 0.2,\ 0.3,\ \cdots$と飛び飛びの位置で近似値を求めていきました（注 11.4）．第 1 章で学んだように，テイラー展開の一次近似は，直線近似（線分近似）に相当します．つまり，前節で近似解を求めた手順は，図形的には，以下のように折れ線をつないでいく操作とみなすことができます．

(1) 初期値 $(t, f(t)) = (0, 1)$ を始点とし，$t = 0.1$ の所まで伸びる線分を描きます．この線分の傾きは，始点 $t = 0$ において式 (11.1a) を満たすように決定します．

(2) 上記 (1) で求めた線分の終点を新たに始点とし，$t = 0.2$ まで，新しい線分を描きます．この時，線分の傾きは，始点 $t = 0.1$ において式 (11.1a) を満たすように決定します．

(3) 上記 (2) の手順を繰り返します．

言い換えれば，**一次テイラー展開による近似解法は，厳密解 (11.3) に対する折れ線近似を求めていたことに相当**します（図 11.2）．

次に，テイラー展開の一次近似で用いた式を別の角度から検討してみましょう．以下に示す式 (11.8) を変形すると，式 (11.9) のようになります．

$$f(t_0 + \Delta t) \approx f(t_0) + \left.\frac{df}{dt}\right|_{t=t_0} \Delta t \tag{11.8}$$

$$\left.\frac{df}{dt}\right|_{t=t_0} \approx \frac{f(t_0 + \Delta t) - f(t_0)}{\Delta t} \tag{11.9}$$

つまり，図 11.3 に示すように，**微小距離だけ離れた二点間の関数値の差を取り，その間隔で除すことによって微分値を近似している**（注 11.5）ことになります．この考え方は，微

注 11.4：このような飛び飛びの位置での値を求めることを，"離散的"な値を求めると表現します．

注 11.5：こうして，微分を四則演算（この場合は減算と除算）の組み合わせで近似的に表現することで，コンピュータによる計算が容易になります．

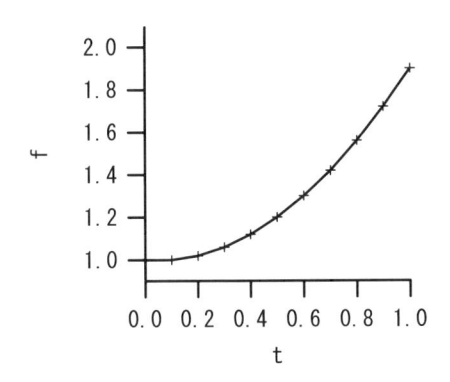

図11.2 微分方程式の初期値問題 (11.1) に対する近似解

分項に対する差分近似の最も簡単な例に対応しています．なお，二点間の水平距離 Δt をゼロとする極限操作を行うと，式 (11.9) の右辺は，微分の定義式と一致します．実際の数値シミュレーションでは，Δt の値として（微小ではあるが）有限の値が設定されます．この意味で，**有限差分法**という言葉が用いられることもあります．

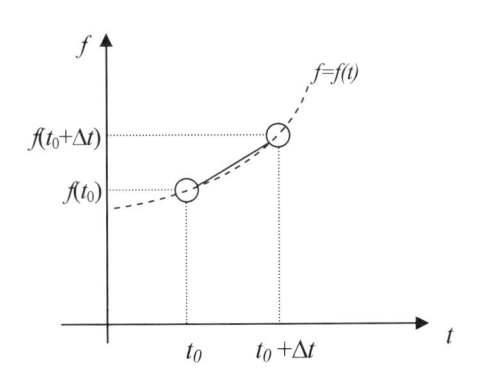

図11.3 差分近似(11.9)の図形的イメージ

微分項に対する差分近似の具体例をもう一つ取り上げてみましょう．

(例題11.1) 関数 $f(x) = x^3 + 3x^2 + 2x + 1$ の $x=1$ における一階微分係数に対する近似値を以下の二つの差分式から求めて厳密値と比較せよ．ここで，$\Delta x = 0.1$ および 0.01 の二通りの場合について考え，差分式によりどのような違いが見られるか比較検討してみよ．

$$\frac{df}{dx} \approx \frac{f(x+\Delta x) - f(x)}{\Delta x} \tag{11.10}$$

$$\frac{df}{dx} \approx \frac{f(x+\Delta x) - f(x-\Delta x)}{2\Delta x} \tag{11.11}$$

（解説）まず，二つの差分式の図形的なイメージを確認しておきましょう．図 11.3 に示すように，式 (11.10) では注目する点とその右隣の点における離散的な関数値を用いて一階微分係数を近似しています．一方，式 (11.11) では，注目する点の両隣の点における値を使って近似を行っています．$\Delta x \to 0$ の極限を取ると，それぞれ式 (11.12) と式 (11.13) となり，微分の定義式と整合する結果となります．

$$\frac{df}{dx} = \lim_{\Delta x \to 0} \left[\frac{f(x + \Delta x) - f(x)}{\Delta x} \right] \tag{11.12}$$

$$\frac{df}{dx} = \lim_{\Delta x \to 0} \left[\frac{f(x + \Delta x) - f(x - \Delta x)}{2\Delta x} \right] \tag{11.13}$$

次に厳密解を計算してみましょう．

$$\frac{df}{dx} = 3x^2 + 6x + 2 \tag{11.14}$$

上式より，$x = 1$ における 1 階微分の値は次のようになります．

$$\frac{df}{dx} = 11 \tag{11.15}$$

続いて，差分近似の値を具体的に計算してみましょう．まず，式 (11.10) では，以下のように近似値が求められます．

$$\Delta x = 0.1: \quad \left(\frac{df}{dx}\right)_{x=1} \approx \frac{f(1 + 0.1) - f(1)}{0.1} \approx 11.6 \tag{11.16a}$$

$$\Delta x = 0.01: \quad \left(\frac{df}{dx}\right)_{x=1} \approx \frac{f(1 + 0.01) - f(1)}{0.01} \approx 11.06 \tag{11.16b}$$

一方，式 (11.11) では，以下のように近似値が求められます．

$$\Delta x = 0.1: \quad \left(\frac{df}{dx}\right)_{x=1} \approx \frac{f(1 + 0.1) - f(1 - 0.1)}{2 \times 0.1} \approx 11.01 \tag{11.17a}$$

$$\Delta x = 0.01: \quad \left(\frac{df}{dx}\right)_{x=1} \approx \frac{f(1 + 0.01) - f(1 - 0.01)}{2 \times 0.01} \approx 11.0001 \tag{11.17b}$$

いずれの場合も誤差は相対的に小さく，近似式は妥当な値を与えています．ここで，厳密解との誤差を表 11.1 にまとめてみましょう．

この表から次の二つのことが読み取れます．

(1) 式 (11.10) による近似より，式 (11.11) による近似の方が誤差が小さい．

(2) Δx が小さくなると誤差も小さくなる．ただし，**誤差の減少率に関して，二つの近似式間で差がある**．すなわち，Δx を 1/10 倍にした時に，式 (11.10) では誤差は約 1/10 倍に，式 (11.11) では，誤差は約 $1/100 = (1/10)^2$ 倍となっている．

(a) 式(11.10)　　　　　　　　(b) 式(11.11)

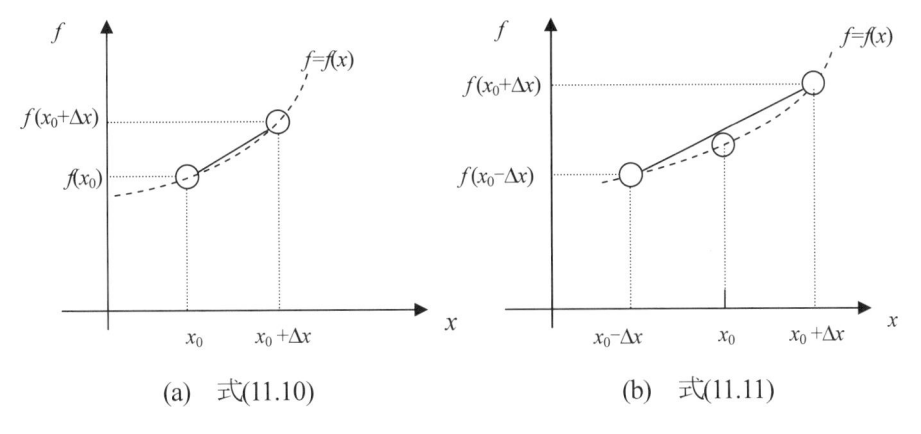

図 11.4　差分近似 (11.10), (11.11) の図形的イメージ

表 11.1　差分近似値と厳密解との誤差（絶対誤差）の比較

	式(11.10)	式(11.11)
$\Delta x = 0.1$	0.6	0.01
$\Delta x = 0.01$	0.06	0.0001

差分法は近似計算法ですから，近似誤差が入ることは避けられません．有効な数値解析を進めていくには，この**誤差をうまく許容範囲内に抑えつつ解析を進める**必要があり，そのためには，以下の二点を明確に把握しておく必要があります．

> (1)　差分近似式が与えられたときにその近似精度を評価する手法．
> (2)　微分項に対して必要な精度を持つ差分近似式を誘導する手法．

以下では，この二つのことを学びましょう．

11.3　差分式に対する近似精度の評価

与えられた差分近似式の精度を評価する際には，テイラー展開を利用します．例として，式 (11.10) の近似式を考えてみましょう．

$$\frac{df}{dx} \approx \frac{f(x+\Delta x) - f(x)}{\Delta x} \tag{11.18}$$

テイラー展開より，$f(x+\Delta x)$ は，次のように表されます．

$$f(x+\Delta x) = f(x) + f'(x)\Delta x + \frac{1}{2}f''(x)(\Delta x)^2 + O\!\left((\Delta x)^3\right) \tag{11.19}$$

これを式 (11.18) の右辺に代入すると，次式を得ます．

$$\frac{1}{\Delta x}\{f(x+\Delta x)-f(x)\} = \frac{1}{\Delta x}\left\{f(x)+f'(x)\Delta x+\frac{1}{2}f''(x)(\Delta x)^2+O\!\left((\Delta x)^3\right)-f(x)\right\} \\ = \frac{1}{\Delta x}\left\{f'(x)\Delta x+\frac{1}{2}f''(x)(\Delta x)^2+O\!\left((\Delta x)^3\right)\right\} \quad (11.20)$$

すなわち，次のように整理できます．

$$\underbrace{\frac{1}{\Delta x}\{f(x+\Delta x)-f(x)\}}_{\text{差分式}} = \underbrace{f'(x)}_{\text{近似対象}} + \underbrace{\frac{1}{2}f''(x)\Delta x+O\!\left((\Delta x)^2\right)}_{\text{誤差}} \quad (11.21)$$

上式において，左辺が差分式であり，右辺第一項が近似の対象となります．したがって，残りの右辺第二項以降が両者の差，すなわち誤差ということになります．この場合，誤差の最大項は次式となり，差分近似の刻み幅 Δx の一乗に比例しています．

$$\frac{1}{2}f''(x)\Delta x \quad (11.22)$$

一方，式 (11.11) の近似を考えると次式となり，誤差の最大項は，Δx の二乗に比例する形になります．

$$\underbrace{\frac{1}{2\Delta x}\{f(x+\Delta x)-f(x-\Delta x)\}}_{\text{差分式}} = \underbrace{f'(x)}_{\text{近似対象}} + \underbrace{\frac{1}{6}f'''(x)(\Delta x)^2+O\!\left((\Delta x)^3\right)}_{\text{誤差}} \quad (11.23)$$

　差分近似における誤差の主要項（最大項）が Δx の n 乗に比例する場合，その差分近似式は "n 次精度である" と表現されます．つまり，式 (11.10) および式 (11.11) は，それぞれ，一次および二次精度の差分近似式ということになります．先の例で，Δx を 1/10 倍にしたとき，式 (11.10) の誤差は 1/10 倍，式 (11.11) の誤差は $1/100 = (1/10)^2$ 倍となっていたことをもう一度思い出して下さい．

　最後に差分近似式の評価法について簡単にまとめておきます．

与えられた差分式の近似精度を評価する際には，差分式中の各項にテイラー展開の結果を代入して整理すれば良い．差分式と近似対象との差が誤差であり，誤差の主要項が刻み幅 Δx の n 乗に比例する場合，その差分近似式は n 次精度と呼ばれる．
n 次精度の差分近似式において，Δx を $(1/m)$ 倍にした時，誤差のおよその大きさは，$(1/m)^n$ 倍になる．

11.4　所定の精度を持つ近似式の誘導

前節では，差分近似式が与えられた時に，その近似精度を評価する手法を学びました．ここでは，逆に所定の近似精度を持つ差分式を誘導する手法を探ってみましょう．なお，以

下では，次のような表記法を用いることとします．

$$f_i \equiv f(x_i) = f(i\Delta x) \tag{11.24}$$

すなわち，空間座標 x を等間隔 Δx で分割して離散的に関数値を求めていく際の i 番目の分割点 $x_i = i\Delta x$ における f の値を f_i と表記します．

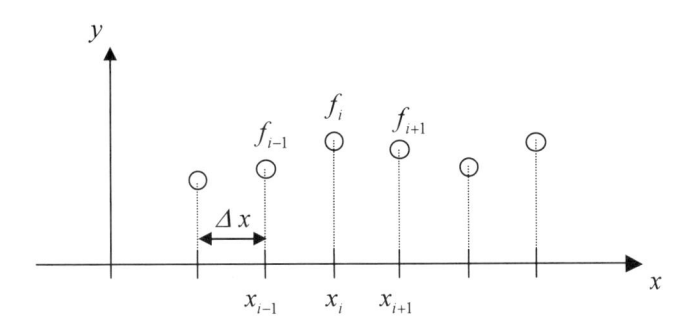

図11.5　差分近似の際の簡略表記

(例題 11.2) f_i, f_{i+1}, f_{i+2} の3つの値を用いて，df/dx に対する二次精度の差分近似式を作成せよ．

(解説) f_{i+1} および f_{i+2} に対するテイラー展開を書き下すと次のようになります．

$$f_{i+1} = f_i + \frac{df}{dx}\Delta x + \frac{1}{2}\frac{d^2 f}{dx^2}(\Delta x)^2 + \frac{1}{6}\frac{d^3 f}{dx^3}(\Delta x)^3 + \cdots \tag{11.25}$$

$$f_{i+2} = f_i + \frac{df}{dx}(2\Delta x) + \frac{1}{2}\frac{d^2 f}{dx^2}(2\Delta x)^2 + \frac{1}{6}\frac{d^3 f}{dx^3}(2\Delta x)^3 + \cdots \tag{11.26}$$

この二つの式を，$1:a$ の比率で組み合わせてみましょう．a の値は所定の精度が得られるように後で決定することにします．

まず，式 (11.25)×1＋式 (11.26)×a を計算すると，次式を得ます．

$$f_{i+1} + af_{i+2} = (1+a)f_i + \frac{df}{dx}\Delta x(1+2a) + \frac{1}{2}\frac{d^2 f}{dx^2}(\Delta x)^2(1+4a) + \frac{1}{6}\frac{d^3 f}{dx^3}(\Delta x)^3(1+8a) + \cdots \tag{11.27}$$

これを整理すると次のようになります．

$$\frac{df}{dx} = \frac{-(1+a)f_i + f_{i+1} + af_{i+2}}{(1+2a)\Delta x} - \frac{1}{2}\frac{d^2 f}{dx^2}(\Delta x)\frac{1+4a}{1+2a} - \frac{1}{6}\frac{d^3 f}{dx^3}(\Delta x)^2\frac{1+8a}{1+2a} + \cdots \tag{11.28}$$

この問題では，二次精度の近似ということが要求されており，この条件を満足するためには，式 (11.28) の右辺第二項がゼロにならなくてはなりません．したがって，次の関係が成

り立つ必要が生じます．

$$1 + 4a = 0 \tag{11.29a}$$

これより，a は次のように決定されます．

$$a = -\frac{1}{4} \tag{11.29b}$$

上記の値を式(11.27)に代入すると，次式が得られます．

$$\frac{df}{dx} = \frac{-\frac{3}{4}f_i + f_{i+1} - \frac{1}{4}f_{i+2}}{\frac{1}{2}\Delta x} - \frac{1}{6}\frac{d^3 f}{dx^3}(\Delta x)^2 \frac{(-1)}{\frac{1}{2}} + \cdots \tag{11.30a}$$

さらに整理すると所定の精度を持つ差分式が以下のように誘導できます．

$$\frac{df}{dx} = \frac{-3f_i + 4f_{i+1} - f_{i+2}}{2\Delta x} + O(\Delta x)^2 \tag{11.30b}$$

最後に，差分近似式の作り方について以下に簡単にまとめておきます．

指定された近似精度を持つ差分近似式を誘導するには，差分式に用いる各項に対するテイラー展開の結果を組み合わせて，加え合わせればよい．それぞれの式を組み合わせる際の比率は，誤差が所定の精度となる条件から決定される．

演習課題

A. 学習事項に対するイメージの把握＋記述能力向上を目指したトレーニング

A11.1 図解あるいは箇条書き等を用いて，本章の学習内容のポイントをA4用紙一枚にまとめて記述せよ．なお，説明用の図を必ず含めること．

B. 反復練習による習熟度の向上を目指したトレーニング

B11.1 次の差分式の近似精度を求めよ．

$$\frac{df}{dx} \approx \frac{3f_i - 4f_{i-1} + f_{i-2}}{2\Delta x} \tag{11.31}$$

B11.2 f_i, f_{i-1}, f_{i+1} の三つの値を用いて，d^2f/dx^2 に対する二次精度の差分近似式を作成せよ．

B11.3 f_i, f_{i-1}, f_{i-2} の三つの値を用いて，df/dx に対する二次精度の差分近似式を作成せよ．

C. 総合的な英文読解力と学習内容の理解度向上を目指したトレーニング

C11.1 以下の英文を日本語に翻訳せよ．

Many different finite-difference representations are possible for given partial difference equations. A finite-difference approximation for a derivative can be introduced by recalling the definition of the derivative for a function $f(x)$ at $x=x_0$

$$\left.\frac{df}{dx}\right|_{x=x_0} = \lim_{\Delta x \to 0} \frac{f(x_0 + \Delta x) - f(x_0)}{\Delta x}$$

Here, if f is continuous, it is expected that

$$\frac{f(x_0 + \Delta x) - f(x_0)}{\Delta x}$$

will be a good approximation to df/dx for a sufficiently small but finite Δx.

（注）finite-difference：有限差分，partial difference equation：偏微分方程式，derivative：微分係数，definition：定義

演習問題解答例

A11.1 省略

B11.1 f_{i-1}, f_{i-2} をテイラー展開で表記すると次のようになる.

$$f_{i-1} = f_i - \frac{df}{dx}\Delta x + \frac{1}{2}\frac{d^2 f}{dx^2}(\Delta x)^2 + O\left[(\Delta x)^3\right] \tag{11.32}$$

$$f_{i-2} = f_i - \frac{df}{dx}(2\Delta x) + \frac{1}{2}\frac{d^2 f}{dx^2}(2\Delta x)^2 + O\left[(\Delta x)^3\right] \tag{11.33}$$

これを式 (11.31) に代入して整理すると次のようになる.

$$\frac{3f_i - 4f_{i-1} + f_{i-2}}{2\Delta x} = \frac{df}{dx} + O\left[(\Delta x)^2\right]$$

すなわち,近似は二次精度である.

B11.2 f_{i-1}, f_{i+1} に対するテイラー展開は以下のようになる.

$$f_{i-1} = f_i - \frac{df}{dx}\Delta x + \frac{1}{2}\frac{d^2 f}{dx^2}(\Delta x)^2 - \frac{1}{6}\frac{d^3 f}{dx^3}(\Delta x)^3 + O\left[(\Delta x)^4\right]$$

$$f_{i+1} = f_i + \frac{df}{dx}\Delta x + \frac{1}{2}\frac{d^2 f}{dx^2}(\Delta x)^2 + \frac{1}{6}\frac{d^3 f}{dx^3}(\Delta x)^3 + O\left[(\Delta x)^4\right]$$

この両者を足し合わせて整理すると次式を得る.

$$\frac{\partial^2 f}{\partial x^2} = \frac{f_{i-1} - 2f_i + f_{i+1}}{(\Delta x)^2} + O\left[(\Delta x)^2\right]$$

B11.3 f_{i-1}, f_{i-2} に対するテイラー展開式を用いて,

式(11.32)×(−4)+式(11.33)×1

の形で組み合わせて整理することにより,以下の結果を得る.

$$\frac{df}{dx} = \frac{3f_i - 4f_{i-1} + f_{i-2}}{2\Delta x} + O\left[(\Delta x)^2\right]$$

C11.1 与えられた偏微分方程式に対して,多くの異なる有限差分表現が可能である.微分係数に対する有限差分近似(の一つ)は,$x = x_0$ における関数 $f(x)$ の微分係数の定義を思い起こすことにより導入できる.

$$\left.\frac{df}{dx}\right|_{x=x_0} = \lim_{\Delta x \to 0} \frac{f(x_0 + \Delta x) - f(x_0)}{\Delta x}$$

ここで,もし f が連続であれば,有限だが十分小さい Δx に対して,

$$\frac{f(x_0 + \Delta x) - f(x_0)}{\Delta x}$$

は,df/dx の良い近似となるであろうことが予想される.

第12章　波が伝わる様子をシミュレートする
＜波動方程式の数値解析＞

概要：第11章では，差分法の考え方に基づいて，微分項を差分近似する手法を学びました．第12章以降では，この手法を代表的な偏微分方程式に適用して，数値シミュレーションの一端に触れてみることにします．本章では，波の伝播を表す波動方程式と呼ばれる偏微分方程式を例に取り，差分法による解析例を通して波動方程式の性質を学び，差分近似を選択する際の考え方や注意点等を整理していきます．

キーワード：差分法，偏微分方程式，波動方程式

予備知識：第11章で学んだ差分法の基礎知識を前提としています．具体的には次の二点の理解が必要とされます．
　(1) 差分近似に対する図形的なイメージを理解していること．
　(2) 微分項に対する差分近似式を誘導できること．

関連事項：第11章で学んだ事項を実際に活用してみます．第13章の拡散・熱伝導方程式を学んだ後で，もう一度本章の内容に立ち返り，両者を比較すると一層理解を深めることができます．

学習目標：以下の各項目を達成することが学習目標設定の目安となります．

> (1) 差分法を使って簡単な偏微分方程式を解くことのイメージをつかむ．
> (2) 波動方程式の解が持つ物理的な性質を理解する．
> (3) 微分項に対する適切な差分近似を選択するための考え方を理解する．

要望：以下のような感覚や習慣を育むきっかけとして，この教材が少しでも役立つことを期待しています．

- 数学の講義で学んだ知識を応用することで，身近な現象の予測や解釈ができることを感覚的につかむ．
- 数式の持つ図形的意味を探りながら，視覚的に考えることを習慣付ける．
- 新しい技術を身に付けようとする過程では，まず具体的な事例にあたってイメージをつかみ，次にその経験を一般化することを習慣付ける．

これまで出来なかったことを，一つずつできるようにする！

12.1 波動方程式の誘導

自然科学の各分野で扱われる現象の多くは，微分方程式の形で記述されます．それらの微分方程式の代表例の一つが，"波（波動）"の伝達を表す最も基本的な偏微分方程式である**波動方程式**です．

$$\frac{\partial^2 f}{\partial t^2} = c^2 \frac{\partial^2 f}{\partial x^2} \qquad (c は定数) \tag{12.1}$$

この式の演算子の部分を分解して，次式のように一階演算子の積の形で表現してみます．

$$\left[\frac{\partial}{\partial t} + c\frac{\partial}{\partial x}\right]\left[\frac{\partial}{\partial t} - c\frac{\partial}{\partial x}\right]f = 0 \tag{12.2}$$

その結果二つの偏微分方程式が得られます．この前半部分に対応する以下の偏微分方程式を一階の波動方程式と呼びます．

$$\frac{\partial f}{\partial t} + c\frac{\partial f}{\partial x} = 0 \tag{12.3}$$

本章では，この一階の波動方程式を対象に検討を進めていくことにします．

まず，この方程式がどのような状況下で誘導されるのかを把握しておきましょう．このために，図 12.1 のような微小体積を有する直方体を考え，単位体積あたりのある物理量を f として，その変動を表す式を導いてみます．

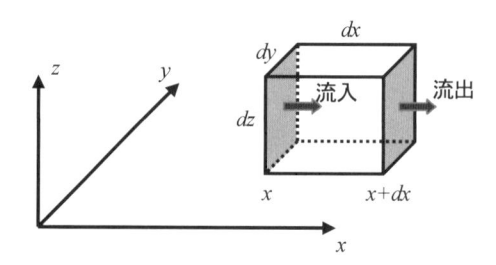

図 12.1 微小体積のとり方

微小時間 dt 間の変化について考えます．直方体内における物理量 f の変化量は，テイラー展開の一次近似を用いると以下のように表せます．

$$\frac{\partial f}{\partial t} \cdot dt \cdot (dxdydz) \tag{12.4}$$

上式において括弧で囲まれた部分が図 12.1 の直方体の体積，その前の部分が単位体積あたりの変化量に対応しています．次に，左右両側の境界面を通しての流入・流出量を求めてみます．単位時間，単位面積あたりに面を横切って流入する量すなわち流束を F で表すと，

時間 dt の間に，左側の面から流入する量は，以下のように表されます．

$$（左面からの流入）\quad F(x)dydzdt \tag{12.5a}$$

一方，右側の面からの流出量は，テイラー展開から，次のように表現できます．

$$（右面からの流出）\quad F(x+dx)dydzdt = \left[F(x)+\frac{\partial F}{\partial x}dx+O(dx^2)\right]dydzdt \tag{12.5b}$$

したがって両者の差し引きは，以下のように表されます．

$$\left[F(x)-F(x+dx)\right]dydzdt = -\frac{\partial F}{\partial x}dxdydzdt + O\left(dx^2 dydzdt\right) \tag{12.5c}$$

空間的に一次元の運動を考えることとすると，y および z 方向の流入流出はゼロとなります．以上，x 方向の流入流出の収支，すなわち式 (12.5c) が，微小時間 dt 当たりの f の変化，つまり式 (12.4) と等しいことから，次式が得られます．

$$\frac{\partial f}{\partial t}dtdxdydz = -\frac{\partial F}{\partial x}dxdydzdt \tag{12.6}$$

さらに，これを整理すると次のようになります．

$$\frac{\partial f}{\partial t}+\frac{\partial F}{\partial x} = 0 \tag{12.7}$$

一般に，F は f, $\frac{\partial f}{\partial x}$, $\frac{\partial^2 f}{\partial x^2}$, $\cdots$, x 等の関数です．ここでは，F の最も簡単なモデルとして F が f に比例する場合を考えてみましょう．

$$F = cf \quad (c：定数) \tag{12.8}$$

式 (12.8) を式 (12.7) に代入すると，波動方程式として次式が誘導されます．

$$\frac{\partial f}{\partial t}+c\frac{\partial f}{\partial x} = 0 \tag{12.9}$$

流束 F がそこでの物理量 f に比例するという状況下では，現象の種類に関わらずこの式が成り立つので，多くの分野でこの式が現れてくることが予想されます．なお，ここでは，偏微分方程式は f に対して線形であり，空間微分に対応する項は x ただ一つなので，一次元線形の波動方程式と呼ぶこともあります．これに対して一次元の非線形波動方程式（注12.1）の代表例として，以下のバーガース方程式があります．

$$\frac{\partial f}{\partial t}+f\frac{\partial f}{\partial x} = 0 \tag{12.10}$$

この式も多くの物理問題に登場してくる式です．

12.2 空間微分・時間微分に対する差分近似

次に，差分法を用いて，波動方程式を近似的に解くことを考えてみましょう．

$$\frac{\partial f}{\partial t} + c\frac{\partial f}{\partial x} = 0 \tag{12.11}$$

まず，式 (12.11) の中の空間微分について考えてみます．微分の定義に立ち返って考えてみると，差分化にもいろいろな方法が考えられますが，ここでは，最も単純な形である下記の二つの場合を比較してみることにします．

$$\frac{\partial f}{\partial x} = \lim_{\Delta x \to 0}\left[\frac{f(x+\Delta x,t) - f(x,t)}{\Delta x}\right] \Leftrightarrow \frac{\partial f}{\partial x} \approx \frac{f(x+\Delta x,t) - f(x,t)}{\Delta x} \tag{12.12}$$

$$\frac{\partial f}{\partial x} = \lim_{\Delta x \to 0}\left[\frac{f(x,t) - f(x-\Delta x,t)}{\Delta x}\right] \Leftrightarrow \frac{\partial f}{\partial x} \approx \frac{f(x,t) - f(x-\Delta x,t)}{\Delta x} \tag{12.13}$$

上記の二種類の差分近似に対応する図形的イメージを略記すると図 12.2 のようになります．これら二つの差分近似は，対象とする点の片側の点だけを用いて差分化していることから，**片側差分**と呼ばれます．さらに両者を区別して，**前進差分**（式 12.12：前進方向の点を使用）および**後退差分**（式 12.13：後退方向の点を使用）という用語が一般に用いられています．

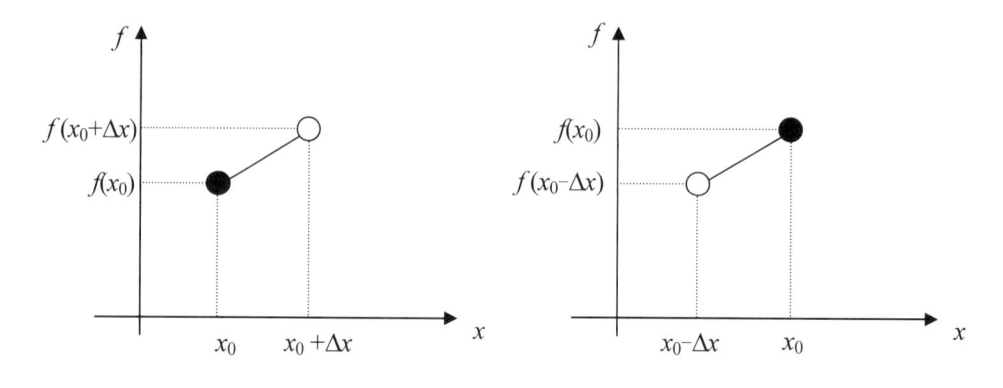

(a) 前進差分：式 (12.12)　　　　　　　(b) 後退差分：式 (12.13)

図 12.2　空間一階微分に対する差分近似の図形的イメージ

注 12.1：未知関数 f やその導関数の一乗（一次）の項のみを含む式を線形，二次以上（自乗あるいは f とその導関数の積など）の項を含む式を非線形と呼びます．微分方程式が線形の場合には，その解を定数倍したものや二つの解を重ね（加え）合わせたものも，微分方程式の解となります．非線形の場合にはこのような重ね合わせの手法は適用できず，解析的な取り扱いは，はるかに難しくなります．

より高度な差分化も可能ですが，空間一階微分項の差分化の最も基本的な例として，まず，上記二つの差分化とその特性を理解することにします．微分の定義式のように$\Delta x \to 0$の極限をとった場合には，どちらも同じになりますが，差分法による近似解析では，これら二つの差分近似は異なる結果をもたらします．この違いを理解し，**どのような状況下でどのような差分化がふさわしいのか**，的確な選択が行えることが重要になります．

　次に波動方程式中の時間微分について考えてみます．波動方程式中の二つの変数，tとxに関して，数学上の取り扱いにおいては本質的な差は存在しません．しかしながら，変数tを時間，変数xを空間座標と捉えて物理的に考える場合，両者の間には大きな違いが存在します．その違いとは，時間は常に過去から現在，現在から未来という方向に流れて行く，すなわち時間には明確な方向性があるという点です．したがって，差分化する際にも方向性を考慮する必要が生じます．この点を踏まえ，時間微分の項を差分化する際には，ある時刻での状態が分かったときに次の時刻でどのようになるのかという形で考える必要があります．このため，時間微分に関しては，一般に，次のような前進差分（時間が進む方向に考えた差分）を用いた定式化が採用されます．

$$\frac{\partial f}{\partial t} \approx \frac{f(x, t+\Delta t) - f(x, t)}{\Delta t} \tag{12.14}$$

このような定式化を用いることで，ある時刻tにおける関数値$f(t)$が既知であるときに，少し先の時間における関数値$f(t+\Delta t)$がどのような値となるかを計算していくことができます．

12.3 波動方程式に対する差分解析例

では，いよいよ差分法による近似計算を実施してみましょう．図12.3のように，空間軸および時間軸を分割し，$t=0$から計算を開始して，格子点$x_i = i\Delta x$，時刻$t^n = n\Delta t$におけるfの値を，順次，時間を進めて求めていきます．

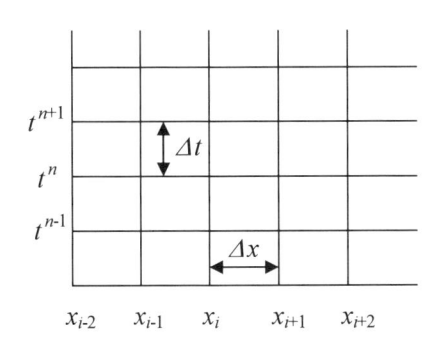

図12.3　空間および時間軸上の離散化

なお，以下の記述においては，格子点上で差分近似された値を式(12.15)のように表記することにします．

$$f_i^n \equiv f(x_i, t^n) = f(i\Delta x, n\Delta t) \tag{12.15}$$

すなわち，$x_i = i\Delta x$，$t^n = n\Delta t$ における f の値を f_i^n と表記します．時間に関する上付きの添え字 n は，べき乗を表しているのではないことに注意してください．

（例題1）計算領域 $0 \leq x \leq 1$ に対し，$\Delta x = 0.1$ で格子分割を行い，表12.1 および図12.4 に示すような台形状の初期空間波形を与える．

表 12.1 　初期条件 f_i^0

	f_0	f_1	f_2	f_3	f_4	f_5	f_6	f_7	f_8	f_9	f_{10}
$n=0$	0.000	1.000	1.000	1.000	0.000	0.000	0.000	0.000	0.000	0.000	0.000

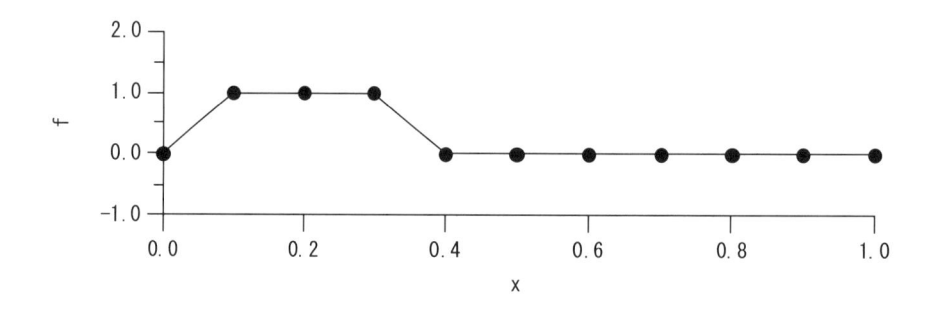

図 12.4 　初期の空間波形

なお，計算領域の左端および右端で以下の境界条件を課すものとする．

$$f = 0 \quad \text{at} \quad x = 0 \tag{12.16a}$$

$$\frac{\partial f}{\partial x} = 0 \quad \text{at} \quad x = 1 \tag{12.16b}$$

また，差分近似の際の時間刻みは次式を満たすものとする．

$$\frac{c\Delta t}{\Delta x} = 1 \quad (c > 0) \tag{12.17}$$

この場合の波動方程式の差分解を求めよ．

（解析例）

(a) 　前進差分近似 (12.12) を用いた場合

先に説明した表記法を用いると，空間微分に対して前進差分近似を適用した場合の差分方程式は次のようになります．

$$\frac{f_i^{n+1} - f_i^n}{\Delta t} + c\frac{f_{i+1}^n - f_i^n}{\Delta x} = 0 \qquad (12.18)$$

上式を変形して $f_i^{n+1}=$ の形にすると，以下のようになります．

$$f_i^{n+1} = f_i^n - \left(\frac{c\Delta t}{\Delta x}\right)\left(f_{i+1}^n - f_i^n\right) \qquad (12.19)$$

この式を用いて，f_i^1 ($i=0, 1, \cdots, 10$) を求めることにします．まず，境界条件 (12.16a) から，f_0^1 は次のようになります．

$$f_0^1 = 0$$

続いて，式 (12.19) から，順次 f_i^1 ($i=1, 2, \cdots, 9$) の値を求めていくことができます．

$$f_1^1 = f_1^0 - \left(\frac{c\Delta t}{\Delta x}\right)\left(f_2^0 - f_1^0\right) = 1 - 1\times(1-1) = 1.0$$

$$f_2^1 = f_2^0 - \left(\frac{c\Delta t}{\Delta x}\right)\left(f_3^0 - f_2^0\right) = 1 - 1\times(1-1) = 1.0$$

$$f_3^1 = f_3^0 - \left(\frac{c\Delta t}{\Delta x}\right)\left(f_4^0 - f_3^0\right) = 1 - 1\times(0-1) = 2.0$$

$$\cdots\cdots\cdots\cdots\cdots$$

$$f_9^1 = f_9^0 - \left(\frac{c\Delta t}{\Delta x}\right)\left(f_{10}^0 - f_9^0\right) = 0 - 1\times(0-0) = 0.0$$

最後に，境界条件 (12.16b) を次のように近似することとします．

$$\left(\frac{\partial f}{\partial x}\right)_{i=10} \approx \frac{f_{10}^1 - f_9^1}{\Delta x} = 0$$

これより右端の値が次のように求められます．

$$f_{10}^1 = f_9^1 = 0$$

ここまでに得られた値を表にまとめると，以下のようになります．

表 12.2　1 ステップ後までの空間波形

	f_0	f_1	f_2	f_3	f_4	f_5	f_6	f_7	f_8	f_9	f_{10}
$n=0$	0.000	1.000	1.000	1.000	0.000	0.000	0.000	0.000	0.000	0.000	0.000
$n=1$	0.000	1.000	1.000	2.000	0.000	0.000	0.000	0.000	0.000	0.000	0.000

次に，この結果を用いて，さらに f_i^2 ($i=0, 1, \cdots, 10$) を求めていきます．まず，境界条件 (12.16a) から，以下の値が得られます．

$$f_0^2 = 0$$

続いて，先と同様に，以下のようにして新しい値を求めていくことができます．

$$f_1^2 = f_1^1 - \left(\frac{c\Delta t}{\Delta x}\right)\left(f_2^1 - f_1^1\right) = 1.0 - 1.0 \times (1-1) = 1.0$$

$$f_2^2 = f_2^1 - \left(\frac{c\Delta t}{\Delta x}\right)\left(f_3^1 - f_2^1\right) = 1.0 - 1.0 \times (2.0-1.0) = 0.0$$

$$f_3^2 = f_3^1 - \left(\frac{c\Delta t}{\Delta x}\right)\left(f_4^1 - f_3^1\right) = 2.0 - 1.0 \times (0.0-2.0) = 4.0$$

$$\cdots\cdots\cdots\cdots\cdots$$

$$f_9^2 = f_9^1 - \left(\frac{c\Delta t}{\Delta x}\right)\left(f_{10}^1 - f_9^1\right) = 0.0 - 1.0 \times (0-0) = 0.0$$

最後に，境界条件 (12.16b) から，右端の値が，次のように求められます．

$$f_{10}^2 = f_9^2 = 0$$

ここまでに得られた値を表にまとめてみると，表 12.3 のようになります．

表 12.3　第 2 ステップ目までの空間波形

	f_0	f_1	f_2	f_3	f_4	f_5	f_6	f_7	f_8	f_9	f_{10}
$n=0$	0.000	1.000	1.000	1.000	0.000	0.000	0.000	0.000	0.000	0.000	0.000
$n=1$	0.000	1.000	1.000	2.000	0.000	0.000	0.000	0.000	0.000	0.000	0.000
$n=2$	0.000	1.000	0.000	4.000	0.000	0.000	0.000	0.000	0.000	0.000	0.000

このような過程を順次繰り返すことにより，f_i^n ($i=0, 1, \cdots, 10$; $n=1, 2, 3\cdots$) を計算していくことができます．第 5 ステップまで計算した結果を表 12.4 および図 12.5 に示しておきます．

表 12.4　第 5 ステップ目までの空間波形（前進差分使用時）

	f_0	f_1	f_2	f_3	f_4	f_5	f_6	f_7	f_8	f_9	f_{10}
$n=0$	0.000	1.000	1.000	1.000	0.000	0.000	0.000	0.000	0.000	0.000	0.000
$n=1$	0.000	1.000	1.000	2.000	0.000	0.000	0.000	0.000	0.000	0.000	0.000
$n=2$	0.000	1.000	0.000	4.000	0.000	0.000	0.000	0.000	0.000	0.000	0.000
$n=3$	0.000	2.000	-4.000	8.000	0.000	0.000	0.000	0.000	0.000	0.000	0.000
$n=4$	0.000	8.000	-16.000	16.000	0.000	0.000	0.000	0.000	0.000	0.000	0.000
$n=5$	0.000	32.000	-48.000	32.000	0.000	0.000	0.000	0.000	0.000	0.000	0.000

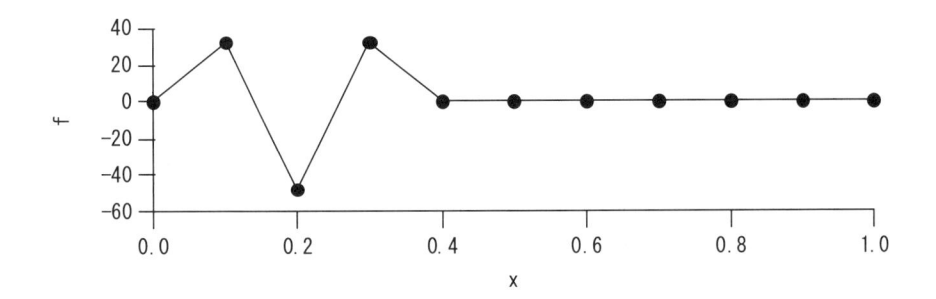

図 12.5　第 5 ステップ目における空間波形（前進差分使用時）

　残念ながら，この例で示した近似計算は物理的に妥当な解を与えません．図 12.5 でもその兆しが見られるように，数値解の空間波形は，正と負に符号を変えたジグザグな波形となり，しかもその大きさが急速に大きくなっていきます．しばらく強引に計算を続けていくと，やがて，解はプラス無限大とマイナス無限大（実際にはコンピュータで扱える最も大きい数）を交互に行き来するようになり，計算不能となります．このようなケースを「解が発散する」と呼びます．この様子は，波動方程式の本来の解とはかけ離れたもので，解が発散したのは，計算の過程で入り込んだ数値誤差が加速的に拡大していったためです．

(b)　後退差分近似 (12.13) を用いた場合

　次に，空間微分に対して後退差分を用いた場合を考えてみます．この場合，差分方程式は，次のように表されます．

$$\frac{f_i^{n+1} - f_i^n}{\Delta t} + c \frac{f_i^n - f_{i-1}^n}{\Delta x} = 0 \tag{12.20}$$

あるいは，$f_i^{n+1} =$ の形で，次式のように表すこともできます．

$$f_i^{n+1} = f_i^n - \left(\frac{c \Delta t}{\Delta x}\right)\left(f_i^n - f_{i-1}^n\right) \tag{12.21}$$

式（12.21）に基づいて計算を進めた結果を，表 12.5 および図 12.6 に示します．ここで得られる数値解は安定的で，前進差分を使用した際のように解が発散してしまうことはありません．具体的には，数値解は，初期の台形状の波形を保ったまま右方向に一定速度で平行移動していく様子を示しています．その際の移動速度 c は，1 ステップあたりの移動距離が一格子幅であることから，以下のように計算できます．

$$\frac{\Delta x}{\Delta t} = c \tag{12.22}$$

この「**波速 c で形を変えずに右方向に移動する**」解は，実は，元々の一次元線形波動方程式の厳密解と一致します．つまり，この例で用いた計算条件下では，後退差分による近似が最も良い結果を与えることになります．

表 12.5　第 5 ステップ目までの空間波形（後退差分使用時）

	f_0	f_1	f_2	f_3	f_4	f_5	f_6	f_7	f_8	f_9	f_{10}
$n=0$	0.000	1.000	1.000	1.000	0.000	0.000	0.000	0.000	0.000	0.000	0.000
$n=1$	0.000	0.000	1.000	1.000	1.000	0.000	0.000	0.000	0.000	0.000	0.000
$n=2$	0.000	0.000	0.000	1.000	1.000	1.000	0.000	0.000	0.000	0.000	0.000
$n=3$	0.000	0.000	0.000	0.000	1.000	1.000	1.000	0.000	0.000	0.000	0.000
$n=4$	0.000	0.000	0.000	0.000	0.000	1.000	1.000	1.000	0.000	0.000	0.000
$n=5$	0.000	0.000	0.000	0.000	0.000	0.000	1.000	1.000	1.000	0.000	0.000

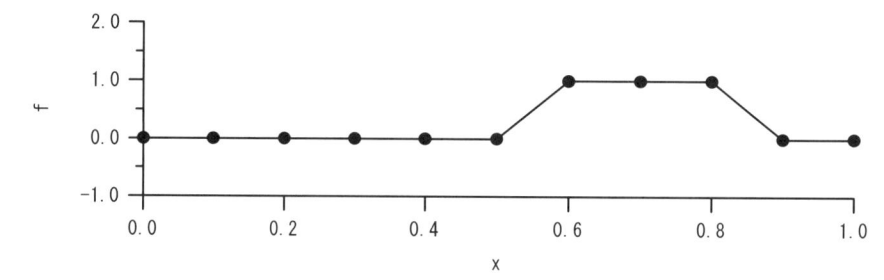

図 12.6　第 5 ステップ目における空間波形（後退差分使用時）

　少し本筋から外れますが，ここで補足的な説明を加えておきます．差分法は近似解法ですが，時と場合によっては上記のように厳密解を与えることもあります．ただし，これはきわめて特別な例で，一般には近似誤差が数値解に入り込んでしまいます．

　たとえば，今回の計算条件を式 (12.23) で与えるように少し変えて計算を進めると，波は確かに右に進みますが，その際に，高さが低くなりかつ角が取れたような滑らかな（鈍った）波形へと変化していきます（図 12.7）．

$$\frac{c\Delta t}{\Delta x} = 0.8 < 1 \tag{12.23}$$

これは，数値誤差が作用するためです．ただし，数値解は右方向へ波速 c で進む厳密解の特徴をある程度捉えていますから，それなりの結果を与えているとも言えます．そもそも発散して物理的におかしい解を導くよりはずっと良いでしょう（注 12.2）．

注 12.2：ただし、解の吟味を怠るともっともらしい解として誤りを包含してしまう可能性もあります．ある意味では最も注意を要する場合であるとも言えます．解のみでなく解の安定性や解が得られるまでの過程を良く吟味することが欠かせません．この点について第 15 章で再び学習します．

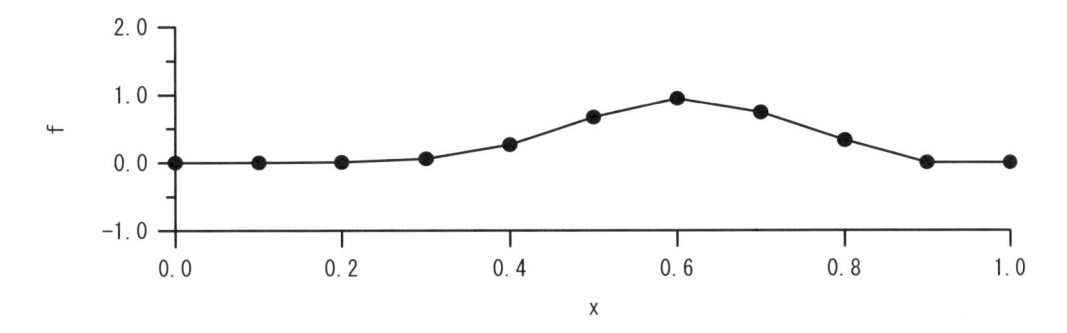

図12.7　第5ステップ目における空間波形（後退差分使用時，$c\Delta t/\Delta x = 0.8$）

一方，次式の条件下では解は発散してしまいます．

$$\frac{c\Delta t}{\Delta x} > 1 \tag{12.24}$$

こうした解の安定性に関する詳細は，差分法の専門書に安定性解析として説明がありますのでそちらを参照して下さい（本書の続篇でも取り上げる予定です）．なお，前進差分を使った場合には，$c\Delta t/\Delta x$ の値にかかわらず解は不安定になります．

12.4　波動方程式の性質と差分解の挙動：数値シミュレーションで大切なこと

前節の結果をもう一度整理してみましょう．線形一次元の波動方程式（$c>0$）に対する数値解を計算した結果，前進差分を用いた場合には計算が発散し，後退差分を用いた場合には妥当な近似解が得られました．どちらも近似精度は一次で，微分の定義式と見合った形なのに，どうしてこのような結果になるのでしょうか．その理由を考えてみましょう．

$$\text{前進差分}\quad \frac{\partial f}{\partial x} = \frac{f_{i+1} - f_i}{\Delta x} + O(\Delta x)^1 \;:\; \text{一次精度} \;\cdots\; \times \tag{12.25a}$$

$$\text{後退差分}\quad \frac{\partial f}{\partial x} = \frac{f_i - f_{i-1}}{\Delta x} + O(\Delta x)^1 \;:\; \text{一次精度} \;\cdots\; \bigcirc \tag{12.25b}$$

この原因を探るために，波動方程式の解析解の性質を調べてみることにします．ここでは，以下のような波動方程式の初期値問題を考えます．

$$\frac{\partial f}{\partial t} + c\frac{\partial f}{\partial x} = 0 \;(c>0) \tag{12.26}$$

$$\text{初期条件：}\quad f(x, t=0) = \phi(x) \tag{12.27}$$

この波動方程式の一般解は，以下のように書くことができます．

$$f(x,t) = \phi(x-ct) = \phi(\xi), \quad \xi = x - ct \tag{12.28}$$

実際に式 (12.28) を (12.26) の左辺に代入すると，次式に示すように，式 (12.28) が確かに元の波動方程式を満足することを確認できます．

$$\frac{\partial f}{\partial t} + c\frac{\partial f}{\partial x} = \frac{\partial \xi}{\partial t}\frac{d\phi}{d\xi} + c\frac{\partial \xi}{\partial x}\frac{d\phi}{d\xi} = -c\frac{d\phi}{d\xi} + c\frac{d\phi}{d\xi} = 0 \tag{12.29}$$

この場合，f は，x と t の関数ですが，特に，x と t が $\xi = x - ct$ という形で結びついて，f の値を決定しています．この解の性質を見るために，式 (12.28) を次のように変形してみます．

$$f(x, t+\Delta t) = \phi(x - c(t+\Delta t)) = \phi((x - c\Delta t) - ct) = f(x - c\Delta t, t) \tag{12.30}$$

つまり，時刻 $t+\Delta t$，位置 x での解の値は，時刻 t，位置 $x-c\Delta t$ での解の値に等しいということになります．逆に言えば，次式のように書くこともできますから，時刻 t，位置 x における解の値は，微小時間 Δt 後には，位置 $x+c\Delta t$ に移動するということもできます (図 12.8)．

$$f(x,t) = \phi(x-ct) = \phi((x+c\Delta t) - c(t+\Delta t)) = f(x+c\Delta t, t+\Delta t) \tag{12.31}$$

これはすべての点 x について成り立ちますから，結果として，初期に与えられた波形は，形を変えずに左から右，つまり x 軸の正方向へ移動することになります．その際の移動速度は，時間 Δt 間に $c\Delta t$ 移動することから，以下のようになります．

$$(移動速度) = \frac{c\Delta t}{\Delta t} = c \tag{12.32}$$

つまり，波動方程式においては，解の値に対する情報伝達の方向とその速度があらかじめ決まっているということです．これが波動方程式の解の持つ最も大きな特徴です．なお，$c<0$ の場合には，解は，右から左，つまり x 軸の負方向へ速度 c で移動します．

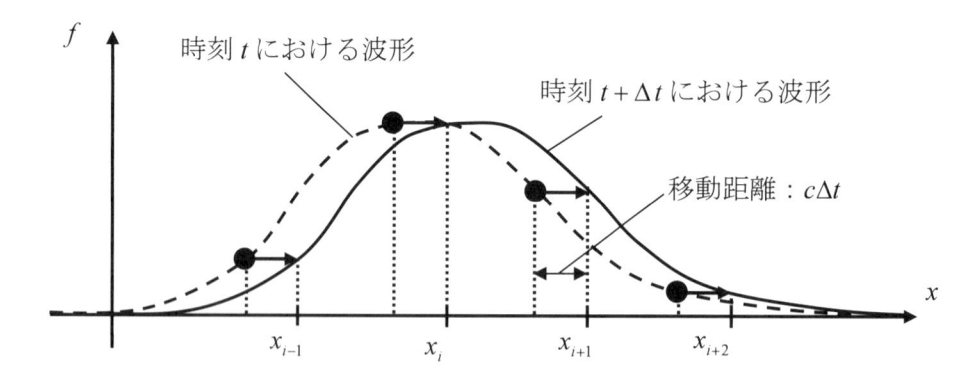

図 12.8 波動方程式の解析解の特徴 ($c>0$)

この解析解の特徴と差分解法とを比較してみましょう．前進差分近似を用いた場合には，図12.9(a)に示すように，着目点の右側の情報に基づいて新しい時刻でのfの値を求めました．一方，後退差分の場合には，図12.9(b)に示すように，着目点とその左側，つまり**情報伝達の上流側での情報に基づいて新しい時刻での解の値を求めました**（この意味で，**上流差分**あるいは**風上差分**という言葉を用いることがあります）．今の場合，解析解の特性とうまく合致しているのは，明らかに後退差分の方です．これが，後退差分を用いた場合に数値解析が順調に行えた最大の理由と言えます（注12.3）．

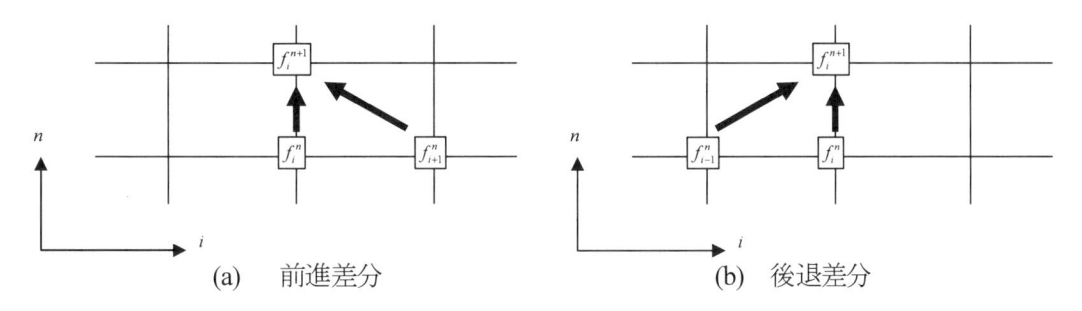

(a) 前進差分　　　　(b) 後退差分

図12.9　差分解法における情報伝達の方向

以上考察してきた結果をまとめると，次のようになります．

偏微分方程式の数値解析を効果的に行うには，解析対象となる方程式とその解の特徴を良く知り，それらの特性に見合った差分解法を適用する必要がある．

重複になりますが，あえて言い換えると次のようにも言えます．

物理的・数学的なバックグラウンドを考えて差分を取ることにより，品質の高い近似解を求めることができる．すなわち，物理的にものを考えて，近似手法が不合理にならないように，真の解が持っている性質を保持するような形で差分を取ることが大切である．

本章では，空間に関する一階微分項の近似法として，片側差分の二つの例を取り上げて比較してきました．これに対し，着目点とその両側の点における情報に基づいて差分近似を考えることもできます．先の例と同じように，微分の定義に立ち返って考えると，次のような近似が考えられます（図12.10）．

$$\frac{\partial f}{\partial x} = \lim_{\Delta x \to 0} \left[\frac{f(x+\Delta x, t) - f(x-\Delta x, t)}{2\Delta x} \right] \Leftrightarrow \frac{\partial f}{\partial x} \approx \frac{f(x+\Delta x, t) - f(x-\Delta x, t)}{2\Delta x} \quad (12.33)$$

注12.3：逆に，cが負の場合には波は右から左へと移動するわけですから，$c<0$に対しては前進差分を選択することが適切と考えられます．

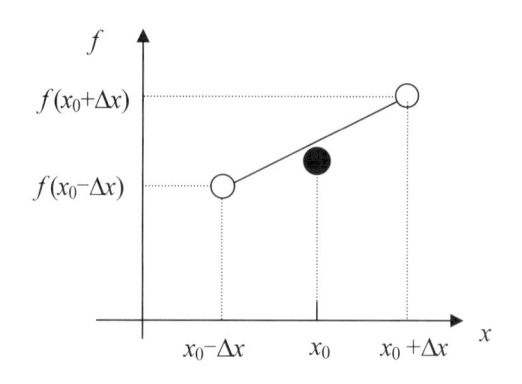

図 12.10　中心差分近似の図形的イメージ

式 (12.33) で表される左右対称の定式化は，**中心差分**と呼ばれます．先ほどの情報伝播方向の観点から言えば，中心差分は，左右どちらの情報も含んでいる（図 12.11 参照）という点で，安全な方法と言えるかもしれません．ただし，本章で扱ったように，時間微分を一次の前進差分で近似して，以下の式を用いて解析を進めた場合には，解は不安定となり満足な結果は得られません．

$$\frac{f_i^{n+1} - f_i^n}{\Delta t} + c\frac{f_{i+1}^n - f_{i-1}^n}{2\Delta x} = 0 \tag{12.34}$$

詳細を説明することはここでは控えますが，式 (12.34) が満足な結果を与えないということは，中心差分が差分近似として不適切ということではなく，**空間差分の形は時間差分の形と一体にして考えなくてはならない**ということを示しています．たとえば，次章で学ぶ陰解法という手法を適用したり，時間微分の差分化を工夫したりすることで，中心差分の場合でも安定に計算を進めることができます．詳細に関しては，差分法に関する成書を参照してください（本書の続篇でも取り上げる予定です）．

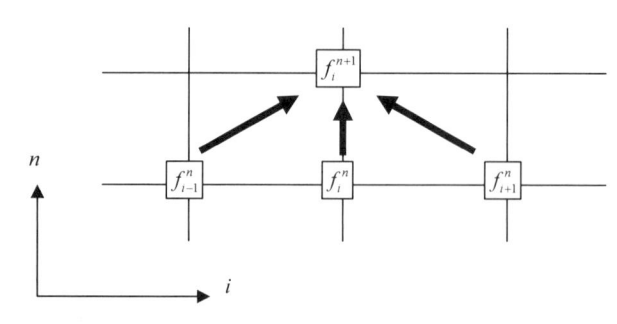

図 12.11　中心差分を用いた式 (12.34) における情報伝達の方向

演習課題

A. 学習事項に対するイメージの把握＋記述能力向上を目指したトレーニング

A12.1 図解あるいは箇条書き等を用いて，本章の学習内容のポイントを A4 用紙一枚にまとめて記述せよ．なお，説明用の図を必ず含めること．

B. 反復練習による習熟度の向上を目指したトレーニング

B12.1 線形一次元の波動方程式：$f_t + cf_x = 0$ ($c>0$)（下付き添え字は偏微分を表す）の解の特徴を簡潔に記述せよ．

B12.2 以下のような波動方程式に対する初期値問題を考える．

$$f_t - cf_x = 0 \quad (c>0), \quad f(x, t=0) = \phi(x) \tag{12.35}$$

この問題の一般解は，以下のように記述されることを示せ．

$$f(x,t) = \phi(x+ct) = \phi(\xi), \quad \xi = x + ct \tag{12.36}$$

B12.3 次式で表される関数 f を考える（ダランベールの解と呼ばれる）．

$$f = F(x-ct) + G(x+ct) = F(u) + G(v), \tag{12.37}$$

この f は，二階の波動方程式 (12.38) を満たすことを示せ．

$$\frac{\partial^2 f}{\partial t^2} = c^2 \frac{\partial^2 f}{\partial x^2} \tag{12.38}$$

C. 総合的な英文読解力と学習内容の理解度向上を目指したトレーニング

C12.1 以下の英文を日本語に翻訳せよ．

The one-dimensional wave equation is a partial differential equation given by

$$u_{tt} = c^2 u_{xx} \tag{12.39}$$

This second-order hyperbolic equation governs the propagation of sound waves traveling at a wave velocity c. A first-order equation that has properties similar to those of (12.39) is given by

$$f_t + cf_x = 0 \tag{12.40}$$

This linear equation describes a wave propagating in the x direction with a wave speed c. Equation (12.40) is often called the one-dimensional linear convection equation.

（注）wave equation：波動方程式，hyperbolic equation：双曲型方程式，sound waves：音波，linear convection equation：線形移流方程式

演習問題解答例

A12.1　省略

B12.1　省略

B12.2　式 (12.35) で $t=0$ とおけば，初期条件を満足することは容易に確認できる．また，式 (12.36) を (12.35) の左辺に代入すると次式を得る．

$$\frac{\partial f}{\partial t} - c\frac{\partial f}{\partial x} = \frac{\partial \xi}{\partial t}\frac{d\phi}{d\xi} - c\frac{\partial \xi}{\partial x}\frac{d\phi}{d\xi} = c\frac{d\phi}{d\xi} - c\frac{d\phi}{d\xi} = 0$$

B12.3　式 (12.37) より，以下の式が求められる．

$$\frac{\partial f}{\partial x} = \frac{\partial F}{\partial x} + \frac{\partial G}{\partial x} = \frac{\partial u}{\partial x}\frac{dF}{du} + \frac{\partial v}{\partial x}\frac{dG}{dv} = \frac{dF}{du} + \frac{dG}{dv}$$

$$\frac{\partial f}{\partial t} = \frac{\partial F}{\partial t} + \frac{\partial G}{\partial t} = \frac{\partial u}{\partial t}\frac{dF}{du} + \frac{\partial v}{\partial t}\frac{dG}{dv} = -c\frac{dF}{dt} + c\frac{dG}{dt}$$

したがって，以下の式が導かれる．

$$\frac{\partial^2 f}{\partial x^2} = \frac{\partial}{\partial x}\left(\frac{\partial f}{\partial x}\right) = \frac{\partial}{\partial x}\left(\frac{dF}{du} + \frac{dG}{dv}\right) = \frac{\partial u}{\partial x}\frac{d^2 F}{du^2} + \frac{\partial v}{\partial x}\frac{d^2 G}{dv^2} = \frac{d^2 F}{du^2} + \frac{d^2 G}{dv^2}$$

$$\frac{\partial^2 f}{\partial t^2} = \frac{\partial}{\partial t}\left(\frac{\partial f}{\partial t}\right) = \frac{\partial}{\partial t}\left(-c\frac{dF}{du} + c\frac{dG}{dv}\right) = -c\frac{\partial u}{\partial t}\frac{d^2 F}{du^2} + c\frac{\partial v}{\partial t}\frac{d^2 G}{dv^2} = c^2\left(\frac{d^2 F}{du^2} + \frac{d^2 G}{dv^2}\right)$$

以上求められた二式を整理することにより，

$$\frac{\partial^2 f}{\partial t^2} = c^2\frac{\partial^2 f}{\partial x^2}$$

C12.1　一次元の波動方程式は，次式で与えられる偏微分方程式である．

$$u_{tt} = c^2 u_{xx} \tag{12.39}$$

この二次の双曲型方程式は，波速 c で伝わる音波の伝達を支配する．式(12.39)と類似の性質を持つ一次の方程式は次式で与えられる．

$$f_t + cf_x = 0 \tag{12.40}$$

この線形の方程式は，波速 c で x 方向へ伝播する波を記述する．式 (12.40) は，しばしば，一次元の線形移流方程式と呼ばれる．

第13章 熱が伝わる様子をシミュレートする
＜熱伝導方程式の数値解析＞

概要：第12章では，差分法の考え方に基づいて，波動方程式を数値的に解く手順とその際の留意点について学びました．本章では，熱伝導や物質の拡散現象等を表す熱伝導方程式（拡散方程式）と呼ばれる偏微分方程式を対象に，引き続き差分解析について学んでいきます．簡単な解析例から熱伝導方程式の性質を学習することを通して，差分近似を選択する際の考え方についてさらに理解を深めていくこととします．

キーワード：差分法，熱伝導方程式，陽解法，陰解法

予備知識：第11章および第12章で学んだ差分法の基礎知識を前提としています．具体的には，次の各項の理解が必要とされます．
 (1) 差分近似に対する図形的なイメージを理解していること．
 (2) 微分項に対する差分近似式を誘導できること．
 (3) 差分近似の選択指針と解析解の性質が密接に関係していることを理解していること．

関連事項：第11章で学んだ事項を実際に活用する章です．第12章の波動方程式の内容と比較することにより，いっそう理解を深めることができます．

学習目標：以下の各項目を達成することが学習目標設定の目安となります．

---
(1) 熱伝導方程式（拡散方程式）の解が持つ物理的な性質を理解する．
(2) 陰解法・陽解法と呼ばれる解法の個々の特徴を理解する．
(3) 差分法を使って簡単な偏微分方程式を解くことに対する理解を深める．

要望：以下のような感覚や習慣を育むきっかけとして，この教材が少しでも役立つことを期待しています．

・数学の講義で学んだ知識を応用することで，身近な現象の予測や解釈ができることを感覚的につかむ．
・数式の持つ図形的意味を探りながら，視覚的に考えることを習慣付ける．
・新しい技術を身に付けようとする過程では，まず具体的な事例にあたってイメージをつかみ，次にその経験を一般化することを習慣付ける．

これまで出来なかったことを，一つずつできるようにする！

13.1 熱伝導方程式の誘導

固体内部の熱伝導や流体中の物質の拡散現象を表現するための基礎方程式として，以下に示すような熱伝導方程式が良く用いられます．

$$\frac{\partial f}{\partial t} = a \frac{\partial^2 f}{\partial x^2} \qquad (a は正の定数) \tag{13.1}$$

まず，この偏微分方程式がどのような場面で誘導されるものなのかを確認しましょう．第12章と同様の微小体積を考え，単位体積あたりの物理量を f として，その変動を表す式を導いてみます．第12章での検討の結果に基づけば，ある物理量 f とその流束 F に対して，式(12.7)と同じ，次の関係式が成り立ちます．

$$\frac{\partial f}{\partial t} + \frac{\partial F}{\partial x} = 0 \tag{13.2}$$

一般に，f は f, f_x, f_{xx}, $\cdots$, x 等の関数です．第12章では，F が f に比例すると仮定することで波動方程式が得られました．ここでは，F が f の一階偏微分係数に比例する場合を考えます．

$$F = -a \frac{\partial f}{\partial x} \quad (a は定数) \tag{13.3}$$

これを式(13.2)に代入すると，次式で与えられる熱伝導方程式が誘導されます．

$$\frac{\partial f}{\partial t} = a \frac{\partial^2 f}{\partial x^2} \tag{13.4}$$

流束 F がそこでの物理量 f の空間勾配（空間座標に対する一階偏微分係数）に比例するならば，現象の種類に関わらず上式が成り立つことから，熱伝導に限らず，多くの分野で式(13.4)が現れてくることが推測できます．

熱伝導に関して，具体的にその誘導過程を示しておきましょう．物体の密度を ρ，比熱を c で表すと，物体内部の温度 T の変化を表す式として，次式が成り立ちます．

$$\rho c \frac{\partial T}{\partial t} + \frac{\partial Q}{\partial x} = 0 \tag{13.5}$$

ここで，Q は熱流束を表します．多くの媒質では，熱流束 Q と温度勾配の間に以下の関係式（フーリエの法則）が成立します．

$$Q = -\lambda \frac{\partial T}{\partial x} \quad (\lambda は定数) \tag{13.6}$$

マイナス符号がついているのは，温度が高い方から低い方へと熱が移動することと対応しています．式(13.6)を式(13.5)に代入すると，以下の熱伝導方程式が得られます．

$$\frac{\partial T}{\partial t} = \left(\frac{\lambda}{\rho c}\right) \frac{\partial^2 T}{\partial x^2} \tag{13.7}$$

13.2 熱伝導方程式の解の性質

第12章では，解析対象となる偏微分方程式を近似する差分方程式（無数に存在する）の中からどのような指針に沿って，適切なものを選択するべきかについて学びました．その結果分かったことは，**対象となる偏微分方程式とその解の基本的な性質や特徴をあらかじめ知っておくことが，適切な差分近似を選択する上で非常に役立つ**ということでした．本章では，この指針に従うこととし，**差分化に先立って，熱伝導方程式とその解析解の特徴を調べてみる**ことにします．

まず，モデルとなる物理現象をイメージしてみましょう．図13.1(a)に示すような状況を考えてみます．金属棒の両端を一定温度となるように冷却し，逆に中央部をバーナーで加熱して暖めます．十分な時間がたつと，金属棒内の温度分布は，中央で最大となり両端に向けて直線的に減少していく分布を取ります．この状態で，バーナーによる加熱を停止したとします．このとき，熱は温度の高いほうから低いほうへ流れますから，図13.1(b)に示すように金属棒の温度は徐々に低下していきます．この場合，熱の流れは一方向ではなく，左右両側に流れるため，波動方程式のような方向性はありません．左右対称性を保ったまま滑らかに温度が低下していくと予想できます．この例から，**対称性の良い差分近似が有効**であることが予想されます．

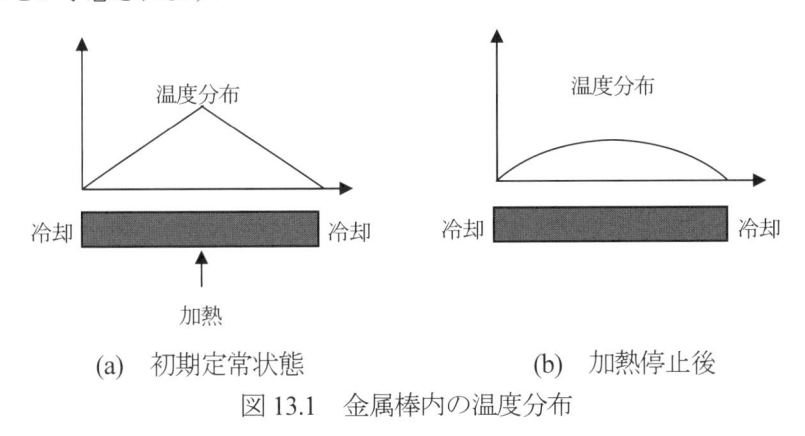

(a) 初期定常状態　　　　　　　　(b) 加熱停止後

図13.1　金属棒内の温度分布

次に，熱伝導方程式の解の特徴について，もう少し詳しく調べてみましょう．議論を簡単にするために，式(13.4)の右辺の係数が $a=1$ となる場合を考えます．

$$\frac{\partial f}{\partial t} = \frac{\partial^2 f}{\partial x^2} \quad (t>0 \ , \ -\infty < x < \infty \ ) \tag{13.8}$$

この偏微分方程式を満たす関数 f の中で特徴的なものとして，次のものを取り上げて考察してみましょう（演習課題B13.2参照）．

$$f(x,t) = \frac{1}{2\sqrt{\pi t}} e^{-\frac{x^2}{4t}} = \frac{1}{2\sqrt{\pi t}} e^{-\left(\frac{x}{2\sqrt{t}}\right)^2} \tag{13.9}$$

式中の π は，円周率を表します．なお，式 (13.9) が熱伝導方程式 (13.8) の解であることは，代入して整理することで確認できます．

式 (13.9) を満たす f の例を図 13.2 に示します．図 13.2 および式 (13.9) より，これらの解の特徴的性質として，次のようなものが挙げられます（注 13.1）．

> (1) $x=0$ に対して**左右対称**の山形の形状をとる．
>
> (2) $x=0$ における山の高さは $1/(2\sqrt{\pi t})$ であり，$1/\sqrt{t}$ に比例する．つまり，時間が経過するにつれて，山の高さは $\sqrt{t}$ に反比例する形で低下する．
>
> (3) $x \to \pm\infty$ で，$f \to 0$ となる．
>
> (4) 横方向の広がり具合は，$\sqrt{t}$ に比例する形で増加する．
>
> (5) t の値によらず，$\int_{-\infty}^{+\infty} f(x,t)dx = 1$ となる．

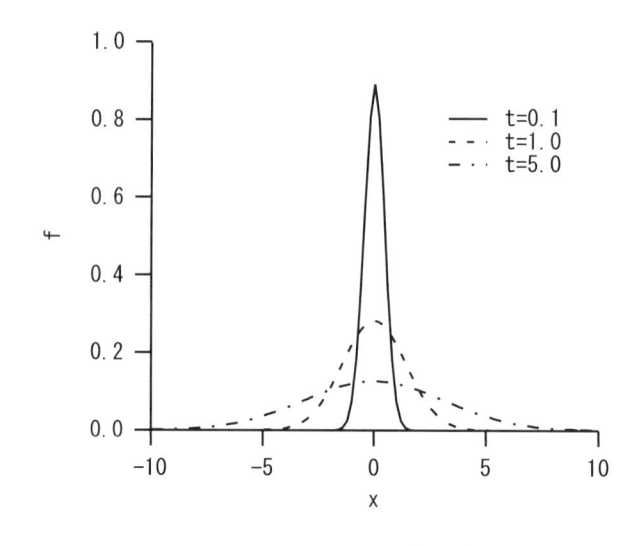

図 13.2 $f(x,t)$ の時間変化

上記 (2) や (4) で述べたように，$f(x,t)$ の分布は，時間 t が増加するにつれて頂部が低くなり，横方向の広がりが増加していきます．逆に，t が小さい時の分布では，山が高く幅が**狭い分布**となります．ここで，$t \to 0$ の極限を考えると，$x=0$ の所に無限に高い針の山が立っているような形となります．このような関数を**デルタ関数**と呼びます．デルタ関数 $\delta(x)$ の主な性質をまとめると，以下のようになります．

注 13.1：第 7 章で登場した，正規分布の確率密度関数とよく似た形になっています．

$$\delta(x) = 0 \quad (x \neq 0) \tag{13.10a}$$

$$\int_{-\infty}^{+\infty} \delta(x)dx = 1 \tag{13.10b}$$

実際のところ，式 (13.9) は，熱伝導方程式に対する以下の初期値境界値問題の解になっています（注 13.2）．

$$\frac{\partial f}{\partial t} = \frac{\partial^2 f}{\partial x^2} \quad (t > 0, \; -\infty < x < \infty) \tag{13.11a}$$

初期条件　$f(x, t=0) = \delta(x) \to t=0$ の時 $x \neq 0$ で $f=0$
境界条件　$f(x = \pm\infty, t) = 0$ (13.11b)

解 (13.9) の変化をもう一度振り返ってみると，$t=0$ では $x=0$ 以外で $f=0$ ですが，$t>0$ では t がどれほど小さくても，遠方（|x| が大きい所）で正（$f>0$）となっています．つまり，$t=0$ で原点のみに与えられた刺激（熱）が一瞬で遠方にも伝わることを意味しています．

より一般的な言い方をすると，以下のようまとめられます．

> ある時間，ある地点における解の値は，瞬時に，あらゆる地点の解の値に影響を与える

逆に言えば，以下のようにまとめられます．

> $t>0$ における点 x での解の値には，時刻 $t=0$ での
> すべての x における初期値が影響する

このことも，熱伝導方程式と波動方程式（注 13.3）の大きな違いの一つになります．

13.3　熱伝導方程式に対する差分解析例

次に，差分法を用いて，熱伝導方程式を近似的に解くことを考えてみましょう．

$$\frac{\partial f}{\partial t} = a\frac{\partial^2 f}{\partial x^2} \tag{13.12}$$

注 13.2：熱伝導方程式は線形であり，解の重ねあわせが許されます．一方，任意の形を持つ初期分布は，$\delta(x)$ を平行移動し，重み付けして（高さと中心位置を変えて）加え合わせたもので表現できます．したがって，任意の初期分布に対する解は，式 (13.11) の初期値境界値問題の解を重ね合わせて表現できます（演習課題 B13.3 参照）．

注 13.3：波動方程式では情報は有限の速度で伝わるため，$t>0$ における点 x での解の値に影響を与える領域（影響領域）もある有限の範囲となります．

時間微分に関しては，波動方程式の場合と同様に考えれば良いでしょう．

$$\frac{\partial f}{\partial t} \approx \frac{f(x, t+\Delta t) - f(x,t)}{\Delta t} = \frac{f_i^{n+1} - f_i^n}{\Delta t} \tag{13.13}$$

次に空間微分について考えます．二階微分は，一階微分の組み合わせとして以下のように表現できます．

$$\frac{\partial^2 f}{\partial x^2} = \frac{\partial}{\partial x}\left(\frac{\partial f}{\partial x}\right) \tag{13.14}$$

この点に着目し，一階微分の近似手法を二段階で適用してみましょう．差分表現の選択に関しては，第12章で学んだように，対象となる方程式の解が持つ性質に良く見合ったものを採用することが重要です．ここで，方程式の解の性質として左右対称性が指摘されていたことを考慮すると，差分近似としては対称性の良い中心差分が好都合だと判断できます．x_iとx_{i+1}の仮想的な中間点$x_{i+1/2}$において，fの一階空間微分を考えると，次式が得られます．

$$\left(\frac{\partial f}{\partial x}\right)_{i+\frac{1}{2}}^n \approx \frac{f_{i+1}^n - f_i^n}{\Delta x} \tag{13.15a}$$

同様に，x_{i-1}とx_iの中間点$x_{i-1/2}$において，次式が二次精度で成立します．

$$\left(\frac{\partial f}{\partial x}\right)_{i-\frac{1}{2}}^n \approx \frac{f_i^n - f_{i-1}^n}{\Delta x} \tag{13.15b}$$

これらを用いると，fの空間二階微分として，次式が得られます．

$$\left(\frac{\partial^2 f}{\partial x^2}\right)_i^n \approx \frac{\left(\frac{\partial f}{\partial x}\right)_{i+1/2}^n - \left(\frac{\partial f}{\partial x}\right)_{i-1/2}^n}{\Delta x} = \frac{f_{i+1}^n - 2f_i^n + f_{i-1}^n}{(\Delta x)^2} \tag{13.16}$$

なお，**空間二階微分項に限らず，偶数階微分項の近似の際には中心差分の適用が有効**です．

（例題13.1）計算領域$0 \leq x \leq 1$に対し，$\Delta x = 0.1$で格子分割を行い，表13.1および図13.3に示すような三角形状の初期空間分布を与える．また，計算領域の左端および右端で以下の境界条件を課すものとする．

$$f = 0 \quad \text{at} \quad x = 0 \tag{13.17a}$$

$$f = 0 \quad \text{at} \quad x = 1 \tag{13.17b}$$

ここで，差分近似の際の時間刻みを次式を満たすように設定した場合の熱伝導方程式の差分解を求めよ．

$$\frac{a\Delta t}{(\Delta x)^2} = 0.4 \quad (a>0) \tag{13.18}$$

表 13.1　初期条件 f_i^0

	f_0	f_1	f_2	f_3	f_4	f_5	f_6	f_7	f_8	f_9	f_{10}
$n=0$	0	0.2	0.4	0.6	0.8	1.0	0.8	0.6	0.4	0.2	0

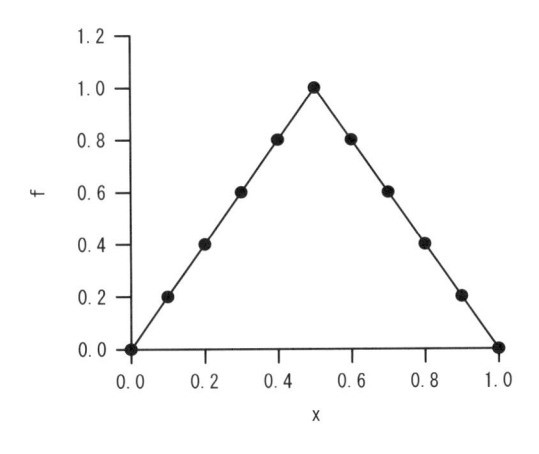

図 13.3　初期空間分布

（解析例）

時間に関して一次精度の前進差分，空間に関して二次精度の中心差分を適用すると，差分方程式は以下のようになります．

$$\frac{f_i^{n+1} - f_i^n}{\Delta t} = a\frac{f_{i+1}^n - 2f_i^n + f_{i-1}^n}{(\Delta x)^2} \tag{13.19}$$

次に，これを変形して $f_i^{n+1}=$ の形にすると，次式が得られます．

$$f_i^{n+1} = f_i^n + \left[\frac{a\Delta t}{(\Delta x)^2}\right]\left(f_{i+1}^n - 2f_i^n + f_{i-1}^n\right) \tag{13.20}$$

この式を用いて，f_i^1 ($i=0, 1, \cdots, 10$) を求めていきます．まず，境界条件 (13.17a) から，次のようになります．

$$f_0^1 = 0 \tag{13.21a}$$

続いて，式 (13.18) から，以下のように，順次値を求めていくことができます．

$$f_1^1 = f_1^0 + \left(\frac{a\Delta t}{(\Delta x)^2}\right)\left(f_2^0 - 2f_1^0 + f_0^0\right) = 0.2 + 0.4 \times (0.4 - 2 \times 0.2 + 0) = 0.2 \tag{13.21b}$$

$$\cdots\cdots\cdots\cdots$$

$$f_5^1 = f_5^0 + \left(\frac{a\Delta t}{(\Delta x)^2}\right)\left(f_6^0 - 2f_5^0 + f_4^0\right) = 1.0 + 0.4 \times (0.8 - 2 \times 1.0 + 0.8) = 0.84 \tag{13.21c}$$

$$\cdots\cdots\cdots\cdots$$

$$f_9^1 = f_9^0 + \left(\frac{a\Delta t}{(\Delta x)^2}\right)\left(f_{10}^0 - 2f_9^0 + f_8^0\right) = 0.2 + 0.4 \times (0 - 2 \times 0.2 + 0.4) = 0.2 \tag{13.21d}$$

最後に，境界条件 (13.17b) から，右端位置において次の値が求められます．

$$f_{10}^1 = 0 \tag{13.21e}$$

ここまでの計算結果を表にまとめると，以下のようになります．

表 13.2　1 ステップ後までの空間波形

	f_0	f_1	f_2	f_3	f_4	f_5	f_6	f_7	f_8	f_9	f_{10}
$n=0$	0.000	0.200	0.400	0.600	0.800	1.000	0.800	0.600	0.400	0.200	0.000
$n=1$	0.000	0.200	0.400	0.600	0.800	0.840	0.800	0.600	0.400	0.200	0.000

この過程を順次繰り返すことにより，f_i^n ($i=0, 1,\cdots,10$; $n=1, 2,\cdots$) を計算することができます．第 5 ステップまで計算した結果を以下の表とグラフに示します．グラフより，初期に三角形分布をしていた温度分布が徐々に低下していく様子が見て取れます．変化の様子は左右対称で不自然な様子も無く，物理的な観点からも妥当な結果を導いています．この場合，差分法による近似解析は有効に機能していると言えるでしょう．

表 13.3　第 5 ステップ目までの空間波形（中心差分使用時）

	f_0	f_1	f_2	f_3	f_4	f_5	f_6	f_7	f_8	f_9	f_{10}
$n=0$	0.000	0.200	0.400	0.600	0.800	1.000	0.800	0.600	0.400	0.200	0.000
$n=1$	0.000	0.200	0.400	0.600	0.800	0.840	0.800	0.600	0.400	0.200	0.000
$n=2$	0.000	0.200	0.400	0.600	0.736	0.808	0.736	0.600	0.400	0.200	0.000
$n=3$	0.000	0.200	0.400	0.574	0.710	0.750	0.710	0.574	0.400	0.200	0.000
$n=4$	0.000	0.200	0.390	0.559	0.672	0.718	0.672	0.559	0.390	0.200	0.000
$n=5$	0.000	0.196	0.382	0.537	0.645	0.681	0.645	0.537	0.382	0.196	0.000

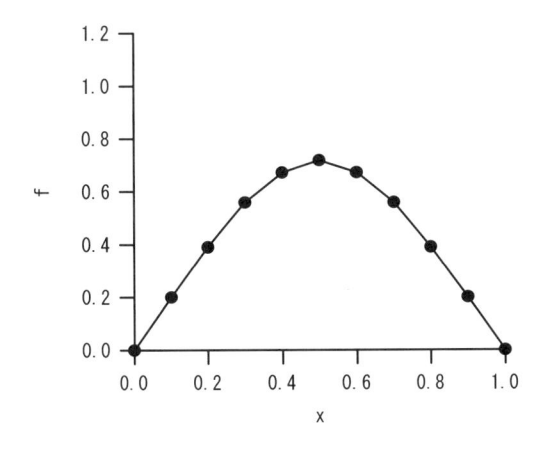

図 13.4　第 5 ステップにおける空間分布（$a\Delta t/\Delta x^2 = 0.4$）

13.4　陰解法と陽解法

前節では，解析が順調に進んだ例を取り上げて検討してきました．ここでは，差分近似解が安定した解に到達しない例を一つ示しておきます．先の例と同様の差分化および初期・境界条件で，時間刻みの設定だけを次式のように変えて計算してみます．

$$\frac{a\Delta t}{(\Delta x)^2} = 0.6 \qquad (a > 0) \tag{13.22}$$

手順は前節の場合と同様ですから，途中経過を省略して，第 10 ステップ目まで計算を行った結果を図 13.5 に示します．

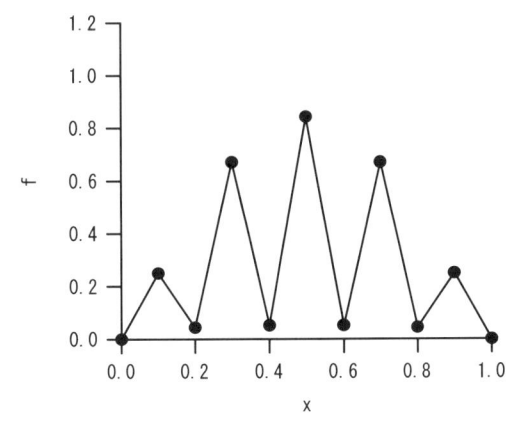

図 13.5　第 10 ステップにおける空間分布（$a\Delta t/\Delta x^2 = 0.6$）

計算を進めるにつれて，数値解は一格子点おきにジグザグの形を示すようになり，その変

動は次第に激しくなっていきます．このまま計算を続けていくと解はすぐに発散し，計算不能となります．これは計算の過程で入り込んだ誤差が成長を続けた結果によるものです．

実は，式 (13.19) に示した差分化が有効に機能するのは，時間刻み Δt を以下のように設定した場合のみになります．

$$\frac{a\Delta t}{(\Delta x)^2} \leq 0.5 \tag{13.23}$$

このような計算が安定に進むための条件は，**安定性解析**と呼ばれる手法に基づいて導くことが可能ですが，本書の範疇を越えるので，ここではその詳細は扱わないことにします．差分法に関する解説書には優れたものが多数あり，安定性解析は必ずその中で解説されていますので，そちらを参照して下さい（本書の続篇でも取り上げる予定です）．

ここでは，数値的な安定性を確保するための別の考え方を紹介します．それは，**陰解法**と呼ばれる手法で，右辺の空間二階微分項を以下のように近似します．

$$\left(\frac{\partial^2 f}{\partial x^2}\right)_i \approx \frac{f_{i+1}^{n+1} - 2f_i^{n+1} + f_{i-1}^{n+1}}{(\Delta x)^2} \tag{13.24}$$

先の例との違いは，**右辺の微分項を$(n+1)$ステップでの値，すなわち，これから求めようとしている値を用いて記述**していることです．なお，先の例で用いたように**右辺をnステップの値を用いて記述する手法を陽解法**といいます．陰解法による差分化をもう一度書き直すと，次式が得られます．

$$\frac{f_i^{n+1} - f_i^n}{\Delta t} = a\frac{f_{i+1}^{n+1} - 2f_i^{n+1} + f_{i-1}^{n+1}}{(\Delta x)^2} \tag{13.25}$$

上付きの添え字が $(n+1)$ である未知量を左辺に持ってくる形で整理すると，以下のようになります．

$$-bf_{i-1}^{n+1} + (1+2b)f_i^{n+1} - bf_{i+1}^{n+1} = f_i^n \tag{13.26a}$$

ここで，b は次式で定義されます．

$$b = \frac{a\Delta t}{(\Delta x)^2} \tag{13.26b}$$

境界条件と合わせて，計算に用いる式を具体的に書き下すと，次のようになります．

$$\begin{aligned}
&f_0^{n+1} = 0 \\
&-bf_1^{n+1} + (1+2b)f_2^{n+1} - bf_3^{n+1} = f_2^n \\
&-bu_2^{n+1} + (1+2b)u_3^{n+1} - bf_4^{n+1} = f_3^n \\
&\qquad\qquad\vdots \\
&-bf_7^{n+1} + (1+2b)f_8^{n+1} - bf_9^{n+1} = f_8^n \\
&f_{10}^{n+1} = 0
\end{aligned} \tag{13.27}$$

未知数11個に対して，方程式が11個あるので，この連立方程式を解けば$(n+1)$ステップでのfの値をすべて求めることができます．連立方程式の数値解法については，第14章で触れることにしますが，この連立方程式を順次繰り返し解くことにより，熱伝導方程式の差分近似解が得られます．式(13.22)の条件下で，10ステップ目まで計算した結果を示すと，図13.6のようになります．この場合には，非物理的な振動は発生せず，妥当な解が得られています．つまり，陰解法を用いた場合，陽解法で不適合とされた次式で与えられる条件下であっても安定に計算を実施することができます．

$$\frac{a\Delta t}{(\Delta x)^2} > \frac{1}{2} \tag{13.28}$$

なお，詳細は差分法の成書を参照して下さい（本書の続篇で詳しく説明する予定です）．

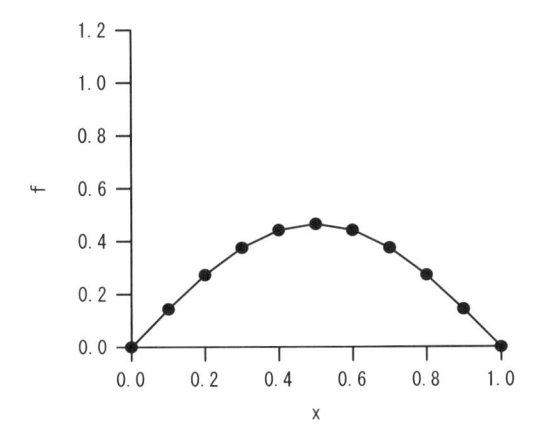

図13.6　第10ステップにおける空間分布（陰解法，$a\Delta t/\Delta x^2 = 0.6$）

一般に，**陰解法は，陽解法よりも計算は複雑になりますが，時間刻みΔtの設定に関する制約が緩やかになり，安定に計算を進められる**というメリットがあります．実際の数値解析においては，この点は，二次元あるいは三次元の問題を扱う際に大きな利点となります．

$$\frac{\partial f}{\partial t} = a\left(\frac{\partial^2 f}{\partial x^2} + \frac{\partial^2 f}{\partial y^2}\right) \quad \text{（二次元問題）} \tag{13.29a}$$

$$\frac{\partial f}{\partial t} = a\left(\frac{\partial^2 f}{\partial x^2} + \frac{\partial^2 f}{\partial y^2} + \frac{\partial^2 f}{\partial z^2}\right) \quad \text{（三次元問題）} \tag{13.29b}$$

以上の検討結果を，表13.4にまとめておきます．

　熱伝導方程式は陰解法と相性が良いということになりますが，その理由について少し考えてみましょう．第13.2節で，熱伝導方程式において，ある時刻における各点の解の値は，領域内のすべての点から（どれだけ遠くの点であっても）瞬時に影響を受けるということを確認しました．

表 13.4　陰解法と陽解法のメリット・デメリット

	メリット	デメリット
陽解法	計算が簡単	Δx, Δt の取り方の制限が厳しい（二,三次元のとき特に厳しくなる）
陰解法	Δt, Δx に関する制約が弱い	連立方程式を解く必要がある

これに対し，陽解法では，着目している格子点とその両隣の値のみを使って次のステップの値を決めています．一方，**陰解法では**，$t=n\Delta t$ から $t=(n+1)\Delta t$ に解を進めるには，**各格子点で成り立つ連立方程式を解かなくてはなりません**．言い換えれば，現在の時間ステップでの全格子点での値を使って初めて次のステップの値が決まるということです．この点が，熱伝導方程式の解の性質との相性を良くしており，陰解法の優位性につながっていると考えることができます．

　前章との繰り返しになりますが，**偏微分方程式の数値解析を効果的に行うには，解析対象となる方程式とその解の特徴を良く知り，その特性に見合った差分解法を適用する必要がある**ということを改めて心に刻んでおいてください．

演習課題

A. 学習事項に対するイメージの把握＋記述能力向上を目指したトレーニング

A13.1 図解あるいは箇条書き等を用いて，本章の学習内容のポイントをA4用紙一枚にまとめて記述せよ．なお，説明用の図を必ず含めること．

B. 反復練習による習熟度の向上を目指したトレーニング

B13.1 線形一次元の熱伝導方程式 $f_t = a f_{xx}$ ($a > 0$)（下付き添え字は偏微分を表す）の解の特徴を簡潔に記述せよ．

B13.2 式 (13.30)で定義される $f(x,t)$ は，線形一次元の熱伝導方程式 $f_t = f_{xx}$ を満たすことを示せ．

$$f(x,t) = \frac{1}{2\sqrt{\pi t}} e^{-\frac{x^2}{4t}} = \frac{1}{2\sqrt{\pi t}} e^{-\left(\frac{x}{2\sqrt{t}}\right)^2} \tag{13.30}$$

B13.3 u_1 および u_2 が線形熱伝導方程式 $f_t = a f_{xx}$ の解である時，それらに任意の定数 c_1, c_2 を乗じて足し合わせた関数（重ね合わせた関数）

$$U = c_1 u_1 + c_2 u_2 \tag{13.31}$$

は，また熱伝導方程式の解となることを示せ．

C. 総合的な英文読解力と学習内容の理解度向上を目指したトレーニング

C13.1 以下の英文を日本語に翻訳せよ．

The heat equation represents the flow of heat. Let us denote the temperature by T. Then Fourier's law for heat flux

$$q = -k \frac{\partial T}{\partial x}$$

and conservation of energy gives the heat equation

$$\frac{\partial T}{\partial t} = \left(\frac{k}{\rho c}\right) \frac{\partial^2 T}{\partial x^2}$$

where ρ is the mass density, c is the specific heat and k is the thermal conductivity.

（注）heat equation：熱伝導方程式，Fourier's law：フーリエ則，heat flux：熱流束，specific heat：比熱，thermal conductivity：熱伝導率

演習問題解答例

A13.1 省略

B13.1 省略

B13.2 式 (13.30) より,

$$\frac{\partial f}{\partial x} = \frac{1}{2\sqrt{\pi t}}\left(-\frac{2x}{4t}\right)e^{-\frac{x^2}{4t}} = -\frac{x}{2t}f$$

$$\frac{\partial^2 f}{\partial x^2} = \frac{\partial}{\partial x}\left(-\frac{x}{2t}f\right) = -\frac{1}{2t}f - \frac{x}{2t}\frac{\partial f}{\partial x} = \left(-\frac{1}{2t} + \frac{x^2}{4t^2}\right)f$$

$$\frac{\partial f}{\partial t} = \left(-\frac{1}{2}\right)\frac{1}{2\sqrt{\pi t^3}}e^{-\frac{x^2}{4t}} + \left(-\frac{x^2}{4}\frac{(-1)}{t^2}\right)\frac{1}{2\sqrt{\pi t}}e^{-\frac{x^2}{4t}} = \left(-\frac{1}{2t} + \frac{x^2}{4t^2}\right)f = \frac{\partial^2 f}{\partial x^2}$$

したがって, $f(x,t)$ は, 熱伝導方程式を満たす

B13.3 式(13.31)より, 次の関係が得られる.

$$\frac{\partial U}{\partial t} - a\frac{\partial^2 U}{\partial x^2} = \frac{\partial}{\partial t}(c_1 u_1 + c_2 u_2) - a\frac{\partial^2}{\partial x^2}(c_1 u_1 + c_2 u_2)$$
$$= c_1\left(\frac{\partial u_1}{\partial t} - a\frac{\partial^2 u_1}{\partial x^2}\right) + c_2\left(\frac{\partial u_2}{\partial t} - a\frac{\partial^2 u_2}{\partial x^2}\right) = 0$$

したがって, U も熱伝導方程式の解となる.

C13.1 熱伝導方程式は熱の流れを表す. 温度を T で表記すると, 熱流束に対するフーリエの法則

$$q = -k\frac{\partial T}{\partial x}$$

およびエネルギーの保存則から熱伝導方程式が与えられる.

$$\frac{\partial T}{\partial t} = \left(\frac{k}{\rho c}\right)\frac{\partial^2 T}{\partial x^2}$$

ここで, ρ は質量密度, c は比熱, k は熱伝導率である.

第14章　平面的な温度分布をシミュレートする
＜ラプラス方程式の数値解析＞

概要：第 11 章で，差分法の基本的な考え方を学び，第 12 章および第 13 章では，実際に波動方程式および熱伝導方程式と呼ばれる偏微分方程式に対して差分法を適用して，数値シミュレーションの一端に触れてきました．本章では定常状態の温度分布等を表すラプラス方程式と呼ばれる偏微分方程式を例に取り，差分法による解析例からラプラス方程式の解の性質，連立方程式の数値的な解き方を学習します．

キーワード：差分法，ラプラス方程式，ガウスの消去法，ガウス・ザイデル法

予備知識：第 11 章で学んだ差分法の基礎知識を前提としています．具体的には次の二点が必要とされます．
　　　　(1)差分近似に対する図形的なイメージを理解していること．
　　　　(2)微分項に対する差分近似式を誘導できること．

関連事項：第 11 章で学んだ事項を実際に活用する章です．第 12 章および第 13 章の内容と比較することで，いっそう理解を深めることができます．

学習目標：以下の各項目を達成することが学習目標設定の目安となります．

> (1)差分法を使ってラプラス方程式を解くことの具体的なイメージをつかむ．
> (2)ラプラス方程式の解が持つ物理的な性質を理解する．
> (3)連立方程式を数値的に解く手法について，その考え方を理解する．

要望：以下のような感覚や習慣を育むきっかけとして，この教材が少しでも役立つことを期待しています．

- 数学の講義で学んだ知識を応用することで，身近な現象の予測や解釈ができることを感覚的につかむ．
- 数式の持つ図形的意味を探りながら，視覚的に考えることを習慣付ける．
- 新しい技術を身に付けようとする過程では，まず具体的な事例にあたってイメージをつかみ，次にその経験を一般化することを習慣付ける．

　　　　これまで出来なかったことを，一つずつできるようにする！

14.1 ラプラス方程式の解の性質

第3篇の各章で何度か述べたように，自然科学の分野で扱われる多くの現象は，微分方程式の形で記述されます．それらの中で最も頻繁に登場するのは，下記に示すような二階の偏微分方程式です．

$$a\frac{\partial^2 f}{\partial x^2} + b\frac{\partial^2 f}{\partial x \partial y} + c\frac{\partial^2 f}{\partial y^2} + d\frac{\partial f}{\partial x} + e\frac{\partial f}{\partial y} + gf = h(x,y) \quad (a,b,c,d,e,g:\text{定数}) \quad (14.1)$$

このような二階の偏微分方程式は，その係数値の組み合わせにより，以下の三種類に分類されます．

$$\text{双曲型：} \quad b^2 - 4ac > 0 \quad (14.2a)$$
$$\text{放物型：} \quad b^2 - 4ac = 0 \quad (14.2b)$$
$$\text{楕円型：} \quad b^2 - 4ac < 0 \quad (14.2c)$$

双曲型偏微分方程式の代表的なものが**波動方程式**であり，その一般形は，次式で表されます．

$$\frac{\partial^2 f}{\partial t^2} = \alpha^2 \frac{\partial^2 f}{\partial x^2} \quad (14.3)$$

なお，上式では，独立変数として x, y の代わりに x と t を用いて表記しています．第12章で学習した一階の波動方程式は，式 (14.3) をさらに簡単にした次のような形で表されていました．

$$\frac{\partial f}{\partial t} + \alpha \frac{\partial f}{\partial x} = 0 \quad (14.4)$$

放物型偏微分方程式の代表例が，第13章で学んだ**熱伝導方程式**で，その一般形は次のように表現されます．

$$\frac{\partial f}{\partial t} = \beta \frac{\partial^2 f}{\partial x^2} \quad (14.5)$$

本章では，三つ目の**楕円型偏微分方程式**の代表例として，次式に示す**ラプラス方程式**を取り上げて，その特徴を吟味することにします．

$$\frac{\partial^2 \phi}{\partial x^2} + \frac{\partial^2 \phi}{\partial y^2} = 0 \quad (14.6)$$

まず，ラプラス方程式とその解の特徴を考えてみます．第13章で扱ったように，空間二次元の熱伝導方程式は，次のように書けます．

$$\frac{\partial f}{\partial t} = a\left(\frac{\partial^2 f}{\partial x^2} + \frac{\partial^2 f}{\partial y^2}\right) \quad (14.7)$$

初期の状態から十分に長い時間が経過して，温度分布が時間的に変化しない定常状態に到達したとします．この時，対象となる物理量 f は次式を満足しているはずです．

$$\frac{\partial f}{\partial t} = 0 \tag{14.8}$$

したがって，式 (14.7) および式 (14.8) より，次式が得られます．

$$\frac{\partial^2 f}{\partial x^2} + \frac{\partial^2 f}{\partial y^2} = \Delta f = 0 \tag{14.9}$$

このことから，**ラプラス方程式の解は，定常状態の空間的な平衡温度分布を表す**と考えられます．なお，Δ を**ラプラス演算子**と呼び，$\Delta f = 0$ を満たす f は**調和関数**と呼ばれます．

ここでは，ラプラス方程式の解すなわち調和関数の性質に関連する二つの定理を紹介することにします．

(1) 球面平均の定理

領域 D で定義された三次元調和関数 $f(x, y, z)$ を考える．この領域内部の任意の点 P における f の値を f_p とすると，f_p は点 P を中心とする任意の球（半径 a）の表面 S 上における値の算術平均に等しい．

$$f_p = \frac{1}{4\pi a^2} \iint f dS \tag{14.10}$$

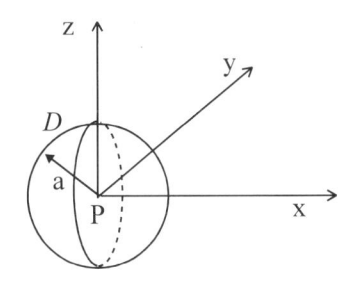

図 14.1 球面平均の定理に関する説明図

この定理を用いて考えると，以下のもう一つの重要な定理を導くことができます．

(2) 調和関数に対する最大値・最小値の定理

調和関数はいたる所で定数であるという特別な場合を除けば，定義された領域内部で最大値・最小値をとることはない．最大値・最小値は必ず境界上に現れる．

調和関数では，解の値はその周辺の値の平均値となること，また，最大・最小値は領域内部には現れず，境界上に現れるという二点を心に留めておきましょう．

14.2 ラプラス方程式に対する差分解析例

差分法を使ってラプラス方程式を近似的に解くことを考えます.

$$\frac{\partial^2 f}{\partial x^2} + \frac{\partial^2 f}{\partial y^2} = 0 \tag{14.11}$$

熱伝導方程式の場合と同様に,空間微分を二次精度の中心差分で近似すると,次式が得られます.

$$\frac{f_{i+1,j} - 2f_{i,j} + f_{i-1,j}}{(\Delta x)^2} + \frac{f_{i,j+1} - 2f_{i,j} + f_{i,j-1}}{(\Delta y)^2} = 0 \tag{14.12}$$

なお,f_{ij}は,$x=x_i$,$y=y_j$におけるfの近似値を表し,Δx,Δyは,それぞれxおよびy方向の格子点間隔を表しています.時間tは式中に含まれませんので,時間に関する上付きの添え字は省略しています.ここで,議論を簡単にするために,$\Delta x = \Delta y$の場合を考えると,式(14.12)は,次のように書き換えられます.

$$f_{i,j} = \frac{f_{i+1,j} + f_{i-1,j} + f_{i,j+1} + f_{i,j-1}}{4} \tag{14.13}$$

つまり,ラプラス方程式を二次精度の中心差分で近似して解いた場合,その解は,着目する格子点に対して上下左右に隣接する四点の平均値となることが分かります.球面平均の定理と対比させて考えると,中心差分による解が,もとの解析解の性質を良く引き継いでいることが確認できます.

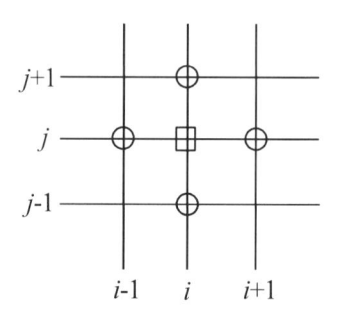

図 14.2 ラプラス方程式の差分解に関する説明図

余談になりますが,ラプラス方程式の右辺がゼロでなく,ある関数$\varPhi(x,y)$で与えられるような偏微分方程式をポアソン方程式と呼び,その一般形は次式で表されます.

$$\frac{\partial^2 f}{\partial x^2} + \frac{\partial^2 f}{\partial y^2} = \varPhi \tag{14.14}$$

ここで,右辺の$\varPhi(x,y)$は,着目点におけるfの値をまわりの平均値からずらそうとする働

きをします．実際，左辺を二次精度の中心差分で近似してみると，中心の値は式(14.15)となり，式(14.16)に示すように周囲の平均からΦの作用を減じたものとして表されます．

$$f_{ij} = \frac{f_{i+1,j} + f_{i-1,j} + f_{i,j+1} + f_{i,j-1}}{4} - \frac{(\Delta x)^2 \Phi}{4} \tag{14.15}$$

$$[中心での値] = [周囲4点の平均] - [\Phi の作用] \tag{14.16}$$

では，本題に戻って，ラプラス方程式の差分解法について考えてみましょう．図14.3に示すような正方形領域（$0 \leq x \leq 1$, $0 \leq y \leq 1$）を考え，x, y方向にそれぞれ4点の格子点を取るように領域を分割します．つまり，$\Delta x = \Delta y = 1/3$とします．ここで，以下のような境界条件を設定することとし，ラプラス方程式に対する**境界値問題**（注14.1）の解を求めてみましょう．

$$f(x,0) = 0 \ (0 \leq x \leq 1) \tag{14.17a}$$
$$f(x,1) = 1 \ (0 \leq x \leq 1) \tag{14.17b}$$
$$f(0,y) = y \ (0 \leq y \leq 1) \tag{14.17c}$$
$$f(1,y) = y^2 \ (0 \leq y \leq 1) \tag{14.17d}$$

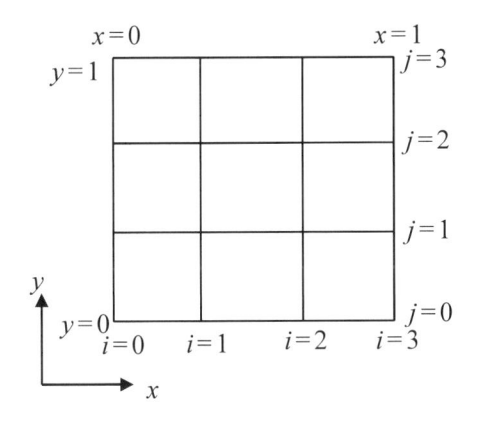

図14.3　解析対象領域と格子分割

この問題において，未知数は$f_{0,0} \sim f_{3,3}$の計16個であり，これらの値をすべて決定するためには16個の独立な式が必要です．まず，**境界条件**(14.17a)および(14.17b)より，以下に示す8個の条件式が得られます．

$$f_{0,0} = 0, \quad f_{1,0} = 0, \quad f_{2,0} = 0, \quad f_{3,0} = 0 \tag{14.18a}$$

$$f_{0,3} = 1, \quad f_{1,3} = 1, \quad f_{2,3} = 1, \quad f_{3,3} = 1 \tag{14.18b}$$

注14.1：微分方程式と境界条件（対象となる領域の境界上で成立すべき条件）を組み合わせて解く問題を微分方程式の境界値問題と呼びます．

次に，(14.17c) および (14.17d) より次の 4 個の条件式が得られます．

$$f_{0,1} = 1/3, \quad f_{0,2} = 2/3 \tag{14.18c}$$

$$f_{3,1} = 1/9, \quad f_{3,2} = 4/9 \tag{14.18d}$$

以上合わせて 12 個の条件式を得ることができます．一方，**領域内部の点に対しては，ラプラス方程式が成り立ち**ますから，式 (14.13) で $i=1,2$; $j=1,2$ として，以下の 4 個の条件式を得ることができます．

$$f_{2,1} + f_{0,1} + f_{1,2} + f_{1,0} - 4f_{1,1} = 0 \tag{14.19a}$$

$$f_{2,2} + f_{0,2} + f_{1,3} + f_{1,1} - 4f_{1,2} = 0 \tag{14.19b}$$

$$f_{3,1} + f_{1,1} + f_{2,2} + f_{2,0} - 4f_{2,1} = 0 \tag{14.19c}$$

$$f_{3,2} + f_{1,2} + f_{2,3} + f_{2,1} - 4f_{2,2} = 0 \tag{14.19d}$$

これで，未知数と同じだけの数の式が揃ったので，連立一次方程式を解けば解を求めることができます．連立一次方程式の解法は次節以降で説明することにし，その結果のみを表示すると，図 14.4 のようになります．

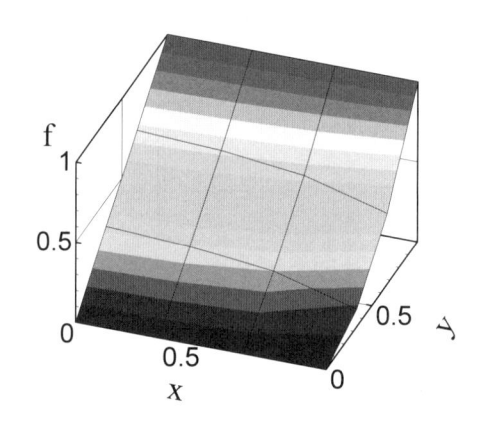

図 14.4　ラプラス方程式に対する差分解析例

14.3　連立方程式の数値解法-1：ガウスの消去法

熱伝導方程式やラプラス方程式を解く際に，連立一次方程式を解く必要が生じます．実際の数値解析にあたっては，何千，何万，あるいは，何百万という数の連立一次方程式を解いてシミュレーションが行われます．ここでは，こうした連立方程式の解き方について，その代表的な手法を学習することにしましょう．

連立一次方程式の数値解法は，**直接解法**と**反復解法**の二つに大別されます．直接解法のうち最も代表的な手法が**ガウスの消去法**と呼ばれるもので，本節ではその概要について説

明します．反復解法に関しては，次節で取り上げることにします．

　ガウスの消去法の考え方は，中学・高校で学んだ連立方程式の解き方と本質的に差はなく，基本部分では特に難しい点はありません．コンピュータを使った大規模な数値計算に適するように，その手順を簡潔に整理したものという感じです．では，簡単な三元一次の連立方程式を例にとって一連の解法の流れを確認しましょう．

（例題 14.1）次の連立方程式をガウスの消去法を用いて解け．

$$\begin{cases} x_1 + 2x_2 - x_3 = 2 \\ 3x_1 + 4x_2 + x_3 = 8 \\ -x_1 + 2x_2 + 3x_3 = 4 \end{cases} \tag{14.20}$$

（解答例）まず，第1式×（-3）＋第2式の操作を行い，第2式から x_1 を消去すると，次式が得られます．

$$\begin{cases} x_1 + 2x_2 - x_3 = 2 \\ -2x_2 + 4x_3 = 2 \\ -x_1 + 2x_2 + 3x_3 = 4 \end{cases} \tag{14.21a}$$

さらに，第1式＋第3式を計算し，第3式から x_1 を消去すると次式を得ます．

$$\begin{cases} x_1 + 2x_2 - x_3 = 2 \\ -2x_2 + 4x_3 = 2 \\ 4x_2 + 2x_3 = 6 \end{cases} \tag{14.21b}$$

これで，第2式および第3式から x_1 を消去できました．次に，第2式×2＋第3式を計算すると，次式のようになります．

$$\begin{cases} x_1 + 2x_2 - x_3 = 2 \\ -2x_2 + 4x_3 = 2 \\ 10x_3 = 10 \end{cases} \tag{14.21c}$$

これで，第3式から x_2 を消去することができました．ここで，式(14.21c)を行列表示すると以下のように書けます．

$$\begin{pmatrix} 1 & 2 & -1 \\ 0 & -2 & 4 \\ 0 & 0 & 10 \end{pmatrix} \begin{pmatrix} x_1 \\ x_2 \\ x_3 \end{pmatrix} = \begin{pmatrix} 2 \\ 2 \\ 10 \end{pmatrix} \tag{14.21d}$$

すなわち，ここまでの一連の操作は，左辺の行列部分において，対角線より左下側の部分をゼロにすることに相当します．なお，このように一行ずつ上から下に変数を消去していくプロセスを**前進消去**と呼びます．

ここまでくれば，後は簡単です．まず，第3式よりx_3が求められます．

$$10x_3 = 10 \to x_3 = 1 \tag{14.21e}$$

次に，この結果を第2式に代入すると，x_2が求まります．

$$-2x_2 + 4 = 2 \to x_2 = 1 \tag{14.21f}$$

さらに，第1式を用いると，x_1を求めることができます．

$$x_1 + 1 = 2 \to x_1 = 1 \tag{14.21g}$$

以上のように下側から順に解を求めていくプロセスを**後退代入**と呼びます．

14.4 連立方程式の数値解法-2：ガウス・ザイデル法

次に，もう一つの代表的解法である**反復解法**について説明しましょう．反復解法とは，**コンピュータの高速演算機能を最大限に活用して反復計算を繰り返すことにより，ある意味では力ずくで連立方程式の解を求めようとする手法**です．ここでは，その中でも代表的な**ガウス・ザイデル法**を取り上げ，簡単な三元一次の連立方程式を対象に説明していきます．

（例題14.2）下記の連立一次方程式をガウス・ザイデル法を用いて解け．

$$6x_1 + x_2 - x_3 = 6 \tag{14.22a}$$
$$x_1 + 5x_2 + 2x_3 = 8 \tag{14.22b}$$
$$x_1 + 2x_2 + 8x_3 = 11 \tag{14.22c}$$

（解答例）まず，与えられた方程式を以下のように書き換えます．

$$x_1 = \frac{1}{6}(6 - x_2 + x_3) \tag{14.23a}$$
$$x_2 = \frac{1}{5}(8 - x_1 - 2x_3) \tag{14.23b}$$
$$x_3 = \frac{1}{8}(11 - x_1 - 2x_2) \tag{14.23c}$$

次に，x_1, x_2, x_3に対する初期推定値を設定します．解の値の見当がついているようであればその値を利用しますし，そうでなければ，仮の値として0を設定しておけば大丈夫です．なお，以下の説明においては，反復計算中の何回目の値なのかを明示するために，どの繰り返し時点での値なのかを上付き添え字で示すことにします．

まず，初期値として以下の値を仮定します．

$$x_1^{(0)} = x_2^{(0)} = x_3^{(0)} = 0 \tag{14.24}$$

次に，この値を用いて1回目の推定値を算出します．まず，式 (14.23a) から次のようになります．

$$x_1^{(1)} = \frac{1}{6}(6 - x_2^{(0)} + x_3^{(0)}) = \frac{1}{6}(6 - 0 + 0) = 1 \tag{14.25a}$$

続いて，式 (14.23b) から以下のように $x_2^{(1)}$ が求められます．

$$x_2^{(1)} = \frac{1}{5}(8 - x_1^{(1)} - 2x_3^{(0)}) = \frac{1}{5}(8 - 1 - 0) = 1.4 \tag{14.25b}$$

ここで，x_1 の値として，$x_1^{(0)}$ と $x_1^{(1)}$ の二つの候補が考えられますが，一般に新しい値ほど求める解に近いと考えられますので，新しい方の値，すなわち，$x_1^{(1)}$ を採用しています．同様に，式 (14.23c) から次のように $x_3^{(1)}$ が求められます．

$$x_3^{(1)} = \frac{1}{8}(11 - x_1^{(1)} - 2x_2^{(1)}) = \frac{1}{8}(11 - 1 - 2.8) = 0.9 \tag{14.25c}$$

このプロセスを順次繰り返していくと，2回目の推定値は次のように計算できます．

$$x_1^{(2)} = \frac{1}{6}(6 - x_2^{(1)} + x_3^{(1)}) = \cdots = 0.917 \tag{14.26a}$$

$$x_2^{(2)} = \frac{1}{5}(8 - x_1^{(2)} - 2x_3^{(1)}) = \cdots = 1.057 \tag{14.26b}$$

$$x_3^{(2)} = \frac{1}{8}(11 - x_1^{(2)} - 2x_2^{(2)}) = \cdots = 0.996 \tag{14.26c}$$

これをさらに繰り返していくと，表 14.1 のような結果が得られます．

表 14.1　ガウス・ザイデル法による反復計算結果（成功例）

	x_1	x_2	x_3
初期値	0.000	0.000	0.000
1回目	1.000	1.400	0.900
2回目	0.917	1.057	0.996
3回目	0.990	1.004	1.000
4回目	0.999	1.000	1.000
5回目	1.000	1.000	1.000

上記の例では，5回目まで計算すると小数点以下第三位まで収束した値が得られています．この値が元の連立方程式の解であることは，元の式に代入してみると容易に確認できます．

　最後に，注意事項を一つだけ述べておきます．この例で確認できたように，ガウス・ザイデル法は連立方程式の解を求める上で非常に効果的な手法ですが，常に安定した解が得られるとは限りません．安定な解に到達しない場合の一例として，次のような連立方程式にガウス・ザイデル法を適用してみます．

$$x_1 + 3x_2 + 5x_3 = 9 \tag{14.27a}$$

$$4x_1 + 2x_2 + 1x_3 = 7 \tag{14.27b}$$

$$x_1 + 6x_2 + x_3 = 8 \tag{14.27c}$$

この連立方程式の解は，$x_1 = x_2 = x_3 = 1$ なのですが，ガウス・ザイデル法で計算していくと，解は発散して表14.2に示すようなとんでもない数値になってしまいます．

表14.2　ガウス・ザイデル法による反復計算結果（失敗例）

	x_1	x_2	x_3
初期値	0.000	0.000	0.000
1回目	9.000	−14.500	86.000
2回目	−377.500	715.500	−3907.500

このように，ガウス・ザイデル法を用いる際には，その適用可能範囲というものを意識する必要があります．ここでは，ガウス・ザイデル法が効果的に機能するための十分条件を示しておきます．

(ガウス・ザイデル法が適用可能となるための十分条件)
　N元一次の連立方程式に対して，ガウス・ザイデル法が適用可能となるための十分条件は，左辺の行列の対角成分（対角線上の係数値）がそれ以外の係数の和よりも大きい（かあるいは等しい）というものです．

$$\begin{pmatrix} a_{11} & a_{12} & \cdots & a_{1N} \\ a_{21} & a_{22} & & a_{2N} \\ \vdots & & & \vdots \\ a_{N1} & a_{N2} & \cdots & a_{NN} \end{pmatrix} \begin{pmatrix} x_1 \\ x_2 \\ \vdots \\ x_N \end{pmatrix} = \begin{pmatrix} y_1 \\ y_2 \\ \vdots \\ y_N \end{pmatrix} \tag{14.28}$$

式で書くと以下のようになります．

$$\begin{cases} |a_{11}| \geq |a_{12}| + |a_{13}| + \cdots + |a_{1N}| \\ |a_{22}| \geq |a_{21}| + |a_{23}| + \cdots + |a_{2N}| \\ \quad\quad\quad\quad\vdots \\ |a_{NN}| \geq |a_{N1}| + |a_{N2}| + \cdots + |a_{NN-1}| \end{cases} \tag{14.29}$$

なお，式(14.29)の内どれか一つ以上の式で不等号が成立することが必要です．
　式(14.29)で表される条件は，一見厳しいように見えますが，実際には大部分のケースでこの条件は満足されます．つまり，ガウス・ザイデル法の適用範囲は，かなり広いものになります．

演習課題

A. 学習事項に対するイメージの把握＋記述能力向上を目指したトレーニング

A14.1 図解あるいは箇条書き等を用いて，本章の学習内容のポイントを A4 用紙一枚にまとめて記述せよ．なお，説明用の図を必ず含めること．

B. 反復練習による習熟度の向上を目指したトレーニング

B14.1 ラプラス方程式 $f_{xx} + f_{yy} = 0$（下付き添え字は偏微分を表す）の解の特徴を簡潔に記述せよ．

B14.2 温度場 T に対する 2 次元の熱伝導方程式は次のように表せる．

$$\frac{\partial T}{\partial t} = a\left(\frac{\partial^2 T}{\partial x^2} + \frac{\partial^2 T}{\partial y^2}\right)$$

時間微分に一次精度の前進差分，空間微分に二次精度の中心差分を適用した時の差分近似式を，$T_{i,j}^{n+1} =$ の形で示せ．なお，$\Delta x = \Delta y$ とする．また，第 14.2 節での学習内容を踏まえて，この差分式から予測される解の性質を簡単に述べよ．

B14.3 ガウス・ザイデル法を用いて以下に示す連立方程式の解を求めよ．

$$\begin{cases} 8x_1 + 2x_2 - x_3 = 9 \\ 2x_1 + 6x_2 + x_3 = 17 \\ -x_1 + 2x_2 + 5x_3 = 18 \end{cases}$$

C. 総合的な英文読解力と学習内容の理解度向上を目指したトレーニング

C14.1 以下の英文を日本語に翻訳せよ．

　　Many important problems in heat transfer are governed by elliptic partial differential equations. A typical example of the elliptic equations is the Laplace equation. For two-dimensional problems in Cartesian coordinates, Laplace's equation is written as

$$\frac{\partial^2 T}{\partial x^2} + \frac{\partial^2 T}{\partial y^2} = 0$$

　　The steady-state temperature distribution in a solid is governed by this equation.

　（注）heat transfer：熱伝達，　Cartesian coordinates：デカルト座標系，steady-state：定常状態

演習問題解答例

A14.1 省略

B14.1 省略

B14.2 差分化の結果は次のようになります．

$$\frac{T_{i,j}^{n+1} - T_{i,j}^n}{\Delta t} = a\left(\frac{T_{i+1,j}^n - 2T_{i,j}^n + T_{i-1,j}^n}{(\Delta x)^2} + \frac{T_{i,j+1}^n - 2T_{i,j}^n + T_{i,j-1}^n}{(\Delta y)^2}\right)$$

これを書き換えると，次のようになります．

$$T_{i,j}^{n+1} = T_{i,j}^n + \frac{4a\Delta t}{(\Delta x)^2}\left(\frac{T_{i+1,j}^n + T_{i-1,j}^n + T_{i,j+1}^n + T_{i,j-1}^n}{4} - T_{i,j}^n\right)$$

したがって，ある時刻における $T_{i,j}$ の値が，その周囲の平均値よりも低い場合には，次の瞬間にその点での温度は上昇し，逆に，ある時刻における $T_{i,j}$ の値が，その周囲の平均値よりも高い場合には，その点での温度は下降します．

B14.3 与えられた連立方程式は以下のように書き換えられます．

$$\begin{cases} x_1 = (9 - 2x_2 + x_3)/8 \\ x_2 = (17 - 2x_1 - x_3)/6 \\ x_3 = (18 + x_1 - 2x_2)/5 \end{cases}$$

初期値をゼロに設定し，上式を用いて計算を行うと以下のような結果が得られます．

回数	x_1	x_2	x_3
0	0.000	0.000	0.000
1	1.125	2.458	2.842
2	0.866	2.071	2.945
3	0.975	2.017	2.988
4	0.994	2.004	2.997
5	0.999	2.001	2.999
6	1.000	2.000	3.000

C14.1 熱伝達の多くの重要な問題は楕円型の偏微分方程式に支配される．楕円型方程式の典型的な例がラプラス方程式である．デカルト座標系の二次元問題では，ラプラス方程式は以下のように表される．

$$\frac{\partial^2 T}{\partial x^2} + \frac{\partial^2 T}{\partial y^2} = 0$$

定常状態における固体内部の温度分布はこの方程式により支配される．

第 15 章　問題演習-3

概要：第 11 章から第 14 章では，波動方程式や熱伝導方程式を題材にして，差分法による数値シミュレーションの基本的な考え方を学んできました．本章では，再び波動方程式を題材にとり，具体的な問題演習を通じてその理解を深めるとともに，差分近似により現れる誤差の特性を吟味することとします．

キーワード：差分法，風上差分，打切り誤差，拡散誤差，分散誤差

予備知識：第 11 章から第 14 章で学んだ内容を理解していることを前提としています．

関連事項：第 11 章から第 14 章で学んだ内容を振り返って確認し，自分のものとして定着させ，今後の発展的学習へと展開するための章です．

学習目標：以下の各項目を達成することが学習目標設定の目安となります．

---
(1) 与えられた差分モデルに現れる誤差の基本的な特性を予測できる．
(2) 基本となる偏微分方程式の解の性質を説明できる．
(3) 差分近似による打切り誤差と差分解の性質との関連について説明できる．

要望：以下のような感覚や習慣を育むきっかけとして，この教材が少しでも役立つことを期待しています．

・数学の講義で学んだ知識を応用することで，身近な現象の予測や解釈ができることを感覚的につかむ．
・数式の持つ図形的・幾何学的な意味を探りながら，視覚的に考える習慣を付ける．
・新しい技術を身に付けようとする過程では，まず具体的な事例にあたってイメージをつかみ，次にその経験を一般化するという習慣を付ける．

　　　　これまで出来なかったことを，一つずつできるようにする！

15.1 一次精度風上差分近似に含まれる誤差の性質

第 12 章では，偏微分方程式の数値解析例として，波動方程式に対する差分解析の手法を学習しました．本章では，もう一度，波動方程式に立ち返って，差分近似に含まれる誤差の影響やより高度な差分近似の考え方を学んでいくこととします．

（問）次式で表される一次元線形の波動方程式について考える．

$$\frac{\partial f}{\partial t} + c\frac{\partial f}{\partial x} = 0 \quad (c>0) \tag{15.1}$$

(1) 時間微分に一次精度の前進差分，空間微分に一次精度の後退差分を用いて，陽解法による差分計算を実施した場合の誤差の主要項を示せ．

(2) 上記(1)の結果と，第 12 章での計算結果とを比較して考察せよ．

（解答例）
(1) まず，差分近似に用いた式をまとめておきます．

$$\frac{f_i^{n+1} - f_i^n}{\Delta t} + c\frac{f_i^n - f_{i-1}^n}{\Delta x} = 0 \tag{15.2}$$

次に，第 11.4 節で行ったものと同様の誤差評価を実施します．まず，テイラー展開を用いると f_i^{n+1} および f_{i-1}^n は，以下のように表されます（注 15.1）．

$$f_i^{n+1} = f_i^n + \left(\frac{\partial f}{\partial t}\right)\Delta t + \frac{1}{2}\left(\frac{\partial^2 f}{\partial t^2}\right)(\Delta t)^2 + \frac{1}{6}\left(\frac{\partial^3 f}{\partial t^3}\right)(\Delta t)^3 + O\left[(\Delta t)^4\right] \tag{15.3}$$

$$f_{i-1}^n = f_i^n - \left(\frac{\partial f}{\partial x}\right)\Delta x + \frac{1}{2}\left(\frac{\partial^2 f}{\partial x^2}\right)(\Delta x)^2 - \frac{1}{6}\left(\frac{\partial^3 f}{\partial x^3}\right)(\Delta x)^3 + O\left[(\Delta x)^4\right] \tag{15.4}$$

式 (15.3) および式 (15.4) を式 (15.2) に代入して整理すると以下のようになります．

$$\frac{\partial f}{\partial t} + c\frac{\partial f}{\partial x} = -\frac{\Delta t}{2}\frac{\partial^2 f}{\partial t^2} + \frac{c\Delta x}{2}\frac{\partial^2 f}{\partial x^2} - \frac{(\Delta t)^2}{6}\frac{\partial^3 f}{\partial t^3} - \frac{c(\Delta x)^2}{6}\frac{\partial^3 f}{\partial x^3} + O\left[(\Delta t)^3, (\Delta x)^3\right] \tag{15.5}$$

上式の右辺が，差分近似によりもたらされた誤差であり，打ち切り誤差と呼ばれるものです．中でも，右辺の第一項および第二項が誤差の主要項であり，誤差の主要項を含む差分近似式は以下のように表されます．

$$\frac{\partial f}{\partial t} + c\frac{\partial f}{\partial x} = -\frac{\Delta t}{2}\frac{\partial^2 f}{\partial t^2} + \frac{c\Delta x}{2}\frac{\partial^2 f}{\partial x^2} + O\left[(\Delta t)^2, (\Delta x)^2\right] \tag{15.6}$$

注 15.1：表記を簡潔にするために偏微分係数の上付き添字 n と下付き添字 i を省略しています．

一方,式 (15.1) から,f の空間二階微分と時間二階微分の間には以下の関係が成り立ちます.

$$\frac{\partial^2 f}{\partial t^2} = \frac{\partial}{\partial t}\left(\frac{\partial f}{\partial t}\right) = \frac{\partial}{\partial t}\left(-c\frac{\partial f}{\partial x}\right) = -c\frac{\partial}{\partial x}\left(\frac{\partial f}{\partial t}\right) = -c\frac{\partial}{\partial x}\left(-c\frac{\partial f}{\partial x}\right) = c^2\frac{\partial^2 f}{\partial x^2} \qquad (15.7)$$

この関係式を用いると,式 (15.6) は,以下のように書き換えられます.

$$\frac{\partial f}{\partial t} + c\frac{\partial f}{\partial x} = \left(\frac{c\Delta x}{2} - \frac{c^2\Delta t}{2}\right)\frac{\partial^2 f}{\partial x^2} + O\left[(\Delta t)^2,(\Delta x)^2\right] \qquad (15.8)$$

(2) この場合,時間刻み Δt および空間刻み Δx を無限小に取ることができれば,誤差も消失し,差分式は元の偏微分方程式に戻ります.しかしながら,実際には,Δt および Δx を無限小に取ることは不可能で,ある有限の値を用いて計算を実施することになります.有限であっても,十分小さい値を取れれば,誤差もそれに応じて小さくなりますが,そうでない場合は誤差の影響が無視できなくなります.すなわち,Δt および Δx を十分小さく取れない場合には,波動方程式を一次精度で解くことは,以下のような式を二次精度で解いていることと同等となります.

$$\frac{\partial f}{\partial t} + c\frac{\partial f}{\partial x} = d\frac{\partial^2 f}{\partial x^2} \qquad (15.9)$$

右辺に出てきた空間二階微分の項が,誤差の影響に対応しています.この二階微分の項は,拡散項あるいは粘性項などと呼ばれる形をしています(注 15.2).第 13 章の熱伝導方程式(拡散方程式)で学んだように,この形の項は,f の分布を空間的に平均化(平滑化)し,滑らかにする作用を持っています.ここで,第 12 章での解析例($c\Delta t/\Delta x = 0.8$)を理論解(厳密な解)と比較した結果を見てみましょう(図 15.1).確かに,拡散的な数値誤差の影響により,数値解は,高さが低くなり,角が丸められて平滑化された分布を示しています.

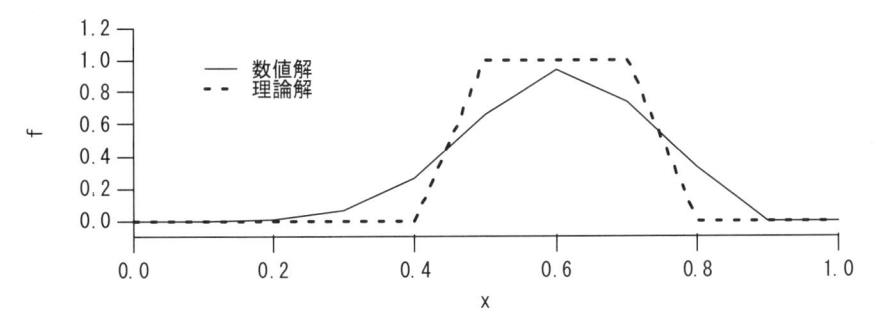

図 15.1 数値解と理論解の比較(後退差分使用時,$c\Delta t/\Delta x = 0.8$)

注 15.2:今回のような場合には,数値解析上の誤差として現れてきた拡散項ということを明示するために,数値拡散項と呼ぶこともあります.

ここで取り上げたような誤差の挙動には，常に細心の注意を払うことが必要です．例として，汚染物質の移流（流れによって移動すること）および拡散を扱う際に用いられる移流拡散方程式を考えてみましょう．線形の移流拡散方程式の一般形は次式で与えられます．

$$\frac{\partial f}{\partial t} + \alpha \frac{\partial f}{\partial x} + \beta \frac{\partial^2 f}{\partial x^2} = 0 \tag{15.10}$$

ここで，左辺第一項および第二項をそれぞれ一次精度の前進差分と一次精度の後退差分で近似し，左辺第三項に対して二次精度の中心差分近似を用いると，先の例と同様に，以下のような数値的な拡散項が近似方程式中に含まれることになります．

$$\frac{\partial f}{\partial t} + \alpha \frac{\partial f}{\partial x} + \beta \frac{\partial^2 f}{\partial x^2} = \left(\frac{c\Delta x}{2} - \frac{c^2 \Delta t}{2} \right) \frac{\partial^2 f}{\partial x^2} + O\left[(\Delta t)^2, (\Delta x)^2 \right] \tag{15.11}$$

ここで，左辺第三項の（物理的な意味を持つ）拡散項と右辺第一項の数値誤差としての拡散項は，数学的に同じ形をしているので，両者の影響を識別することは不可能です．特に，空間的に二次元および三次元の問題を扱う際には，計算負荷を考えて，空間刻みはそれほど細かく取れないことが通常ですから，数値誤差の影響は無視できないものとなります．このような理由から，実際の解析においては，より精度の高い風上差分を適用していく必要があります．この点について，次節で考えてみましょう．

15.2　二次精度風上差分式の誘導

　本節では，高次精度の風上差分の考え方について学習してみます．これまでに多くの優れた方法が提案されてきましたが，ここでは，その中でも基本的な例として，以下のような二次精度の風上差分の問題を考えてみましょう．

　（問）次式で表される一次元線形の波動方程式について考える．

$$\frac{\partial f}{\partial t} + c \frac{\partial f}{\partial x} = 0 \quad (c > 0) \tag{15.12}$$

この方程式の理論解は以下のように与えられる．

$$f(x,t) = \phi(x - ct) = \phi(\xi), \quad \xi = x - ct \tag{15.13}$$

これより，次のような差分計算法を考えてみる．

$$\begin{aligned} f_i^{n+1} &= f(x_i, t^{n+1}) = f(x_i, t^n + \Delta t) = \phi(x_i - c(t^n + \Delta t)) = \phi((x_i - c\Delta t) - ct^n) \\ &= f(x_i - c\Delta t, t^n) \end{aligned} \tag{15.14}$$

一般に，$x = x_i - c\Delta t$ となる点は，格子点位置とは異なるため，その点での値を周囲の点からの補間により求めることとする（図15.2および図15.3参照）．この時以下の問いに答えよ．

(1) 補間式として，x_{i-1} から x_i の間の一次精度線形補間を用いた場合，差分式はどのように表現されるか．
(2) 補間式として，x_{i-1} から x_{i+1} の間の二次精度放物線補間を用いた場合（注15.3），差分式はどのように表現されるか．

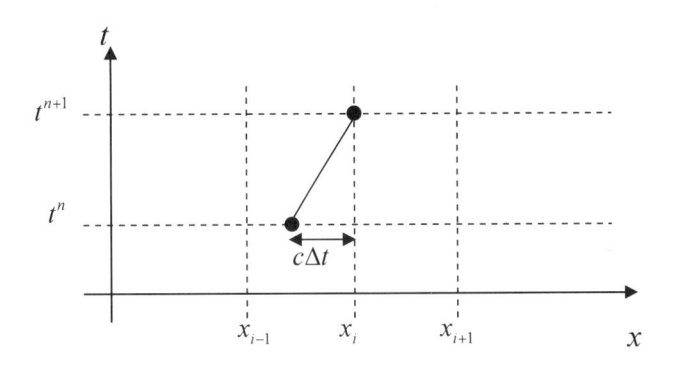

図 15.2　補間の位置

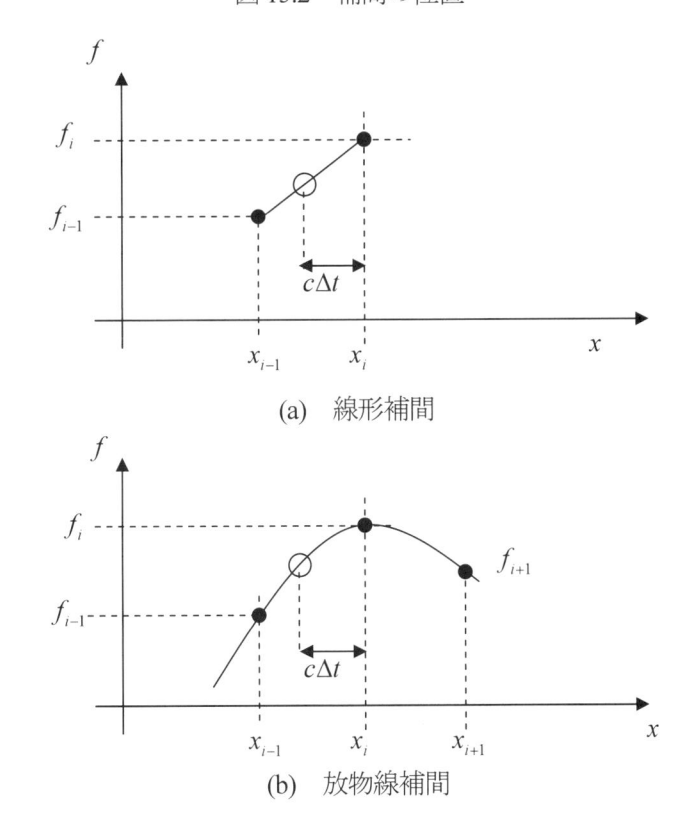

(a)　線形補間

(b)　放物線補間

図 15.3　線形補間および放物線補間

注15.3：補間に用いる区間を x_{i-2} から x_i とすると，本節とは異なる形の差分表現式が得られます．

（解答例）

(1) $x=x_{i-1}$ で $f=f_{i-1}{}^n$ かつ $x=x_i$ で $f=f_i{}^n$ となるような直線の式は次のように表されます．

$$f = \frac{f_i - f_{i-1}}{\Delta x}(x - x_i) + f_i \tag{15.15}$$

上式で $x=x_i - c\Delta t$ とすると以下のようになります．

$$f(x_i - c\Delta t, t^n) = \frac{f_i^n - f_{i-1}^n}{\Delta x}(x_i - c\Delta t - x_i) + f_i^n = -\frac{c\Delta t}{\Delta x}\left(f_i^n - f_{i-1}^n\right) + f_i^n \tag{15.16}$$

したがって，式 (15.16) および式 (15.14) から，差分計算式は次のように書けます．

$$f_i^{n+1} = f_i^n - \frac{c\Delta t}{\Delta x}\left(f_i^n - f_{i-1}^n\right) \tag{15.17}$$

なお，式 (15.16) は，以下のように変形可能です．

$$\frac{f_i^{n+1} - f_i^n}{\Delta t} + c\frac{f_i^n - f_{i-1}^n}{\Delta x} = 0 \tag{15.18}$$

すなわち，この場合の差分式は，空間微分に一次精度の後退差分を用いた式と一致します．

(2) 補間に用いる放物線を以下のように表すこととします．

$$f = A(x - x_i)^2 + B(x - x_i) + f_i^n \tag{15.19}$$

このような形を考えることにより，$x=x_i$ で $f=f_i{}^n$ となるという条件を自動的に満たすことができます．次に，$x=x_{i-1}$ で $f=f_{i-1}{}^n$ かつ $x=x_{i+1}$ で $f=f_{i+1}{}^n$ という条件から，A, B に対して以下の式が誘導できます．

$$f_{i-1}^n = A(x_{i-1} - x_i)^2 + B(x_{i-1} - x_i) + f_i^n = A(\Delta x)^2 - B\Delta x + f_i^n \tag{15.20a}$$

$$f_{i+1}^n = A(x_{i+1} - x_i)^2 + B(x_{i+1} - x_i) + f_i^n = A(\Delta x)^2 + B\Delta x + f_i^n \tag{15.20b}$$

この二式の和を取ることにより，以下のように A が求められます．

$$A = \frac{f_{i+1}^n - 2f_i^n + f_{i-1}^n}{2(\Delta x)^2} \tag{15.21}$$

また，差を取ることにより，以下のように B が求められます．

$$B = \frac{f_{i+1}^n - f_{i-1}^n}{2\Delta x} \tag{15.22}$$

以上の結果から，補間式は次のように表せます．

$$f = \frac{f_{i+1}^n - 2f_i^n + f_{i-1}^n}{2(\Delta x)^2}(x-x_i)^2 + \frac{f_{i+1}^n - f_{i-1}^n}{2\Delta x}(x-x_i) + f_i^n \tag{15.23}$$

さらに，上式で $x = x_i - c\Delta t$ とすると以下のようになります．

$$\begin{aligned}f(x_i - c\Delta t, t^n) &= \frac{f_{i+1}^n - 2f_i^n + f_{i-1}^n}{2(\Delta x)^2}(x_i - c\Delta t - x_i)^2 + \frac{f_{i+1}^n - f_{i-1}^n}{2\Delta x}(x_i - c\Delta t - x_i) + f_i^n \\ &= f_i^n + \frac{1}{2}\left(f_{i+1}^n - 2f_i^n + f_{i-1}^n\right)\left(\frac{c\Delta t}{\Delta x}\right)^2 - \frac{1}{2}\left(f_{i+1}^n - f_{i-1}^n\right)\frac{c\Delta t}{\Delta x}\end{aligned} \tag{15.24}$$

式 (15.24) および式 (15.14) から，差分計算式は次のように書けます．

$$f_i^{n+1} = f_i^n + \frac{1}{2}\left(f_{i+1}^n - 2f_i^n + f_{i-1}^n\right)\left(\frac{c\Delta t}{\Delta x}\right)^2 - \frac{1}{2}\left(f_{i+1}^n - f_{i-1}^n\right)\frac{c\Delta t}{\Delta x} \tag{15.25}$$

これは，Lax-Wendroff 法と呼ばれる手法であり，二次精度の計算手法として良く用いられてきたものの一つです．この手法を用いて次節で実際に計算をしてみましょう．

15.3　二次精度風上差分式に基づく計算

（問）次式で表される一次元線形の波動方程式について考える．

$$\frac{\partial f}{\partial t} + c\frac{\partial f}{\partial x} = 0 \tag{15.26}$$

この偏微分方程式に対して，Lax-Wendroff 法を用いて差分計算を実施せよ．ただし，計算領域 $0 \le x \le 2$ に対し，$\Delta x = 0.1$ で格子分割を行い，次式に示すような正弦波状の初期空間波形を与えるものとする（図 15.4）（注 15.4）．

$$f(x, t=0) = \sin(\pi x) \qquad \text{at} \qquad t=0 \tag{15.27}$$

また，以下のような周期性を仮定して，境界条件を与えるものとする．

$$f(x+2, t) = f(x, t) \tag{15.28}$$

なお，上式はある間隔（ここでの値は 2）で，同じ波形が周期的に繰り返されることを意味しており，このような仮定の下で設定される境界条件のことを周期境界条件と呼びます．
　また，差分近似の時間刻みは以下の条件を満たすように設定するものとする．

$$\frac{c\Delta t}{\Delta x} = 0.8 \tag{15.29}$$

注 15.4：この場合，初期の空間分布は滑らかに変化しているので，数値計算上は，先の台形の初期波形より扱いやすくなります．

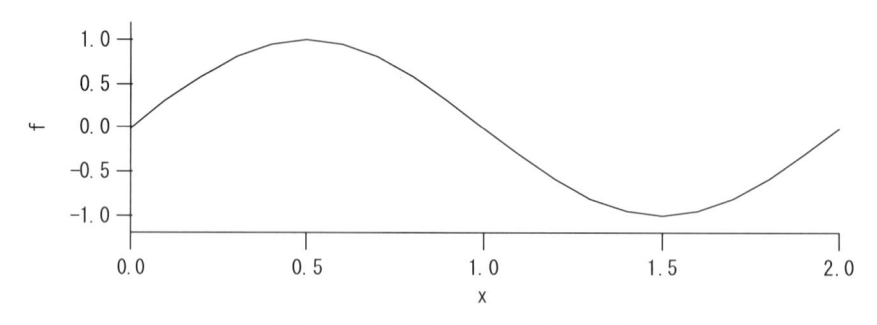

図 15.4　解析に用いる初期波形

（解答例）
Lax-Wendroff 法による計算式は以下のように書けます．

$$f_i^{n+1} = f_i^n + \frac{1}{2}\left(f_{i+1}^n - 2f_i^n + f_{i-1}^n\right)\left(\frac{c\Delta t}{\Delta x}\right)^2 - \frac{1}{2}\left(f_{i+1}^n - f_{i-1}^n\right)\frac{c\Delta t}{\Delta x} \tag{15.30}$$

格子点番号 $i = 1, 2, 3, 4, \cdots, 19$ の領域内部の点においては，上式を用いて計算を進めていくことができます．また，左右両側の境界においては，周期境界条件式 (15.28) を考慮すると，以下の式を用いることができます．

$$f_0^{n+1} = f_0^n + \frac{1}{2}\left(f_1^n - 2f_0^n + f_{19}^n\right)\left(\frac{c\Delta t}{\Delta x}\right)^2 - \frac{1}{2}\left(f_1^n - f_{19}^n\right)\frac{c\Delta t}{\Delta x} \tag{15.31}$$

$$f_{20}^{n+1} = f_0^{n+1} \tag{15.32}$$

第 12 章で示したものと同様の手順で，100 ステップ計算を進めた結果を図 15.5 に示します（注 15.5）．また，図中に厳密解を併せて示しておきます．一次精度の近似で見られたような減衰は生じていないことが確認できます．

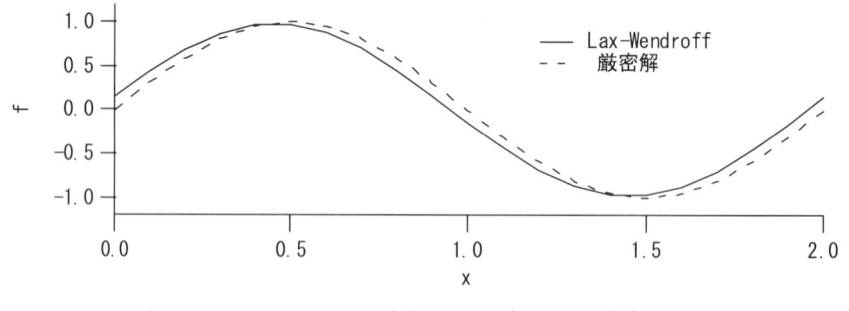

図 15.5　100 ステップ後の空間波形と厳密解の比較

注 15.5：表計算のソフトウェアを利用すれば，手早く計算をすることができます．この点については姉妹書（近刊）で取り扱う予定です．

15.4 二次精度風上差分近似に含まれる誤差の性質

図 15.5 の結果では，Lax-Wendroff 法による数値解は，厳密解よりも僅かに遅い速度で伝播しているようです．この点について，以下で考察してみましょう．

(問) 一次元線形の波動方程式に対して，Lax-Wendroff 法で数値解析を行うことを考える．

(1) この時の誤差主要項の形を示せ．

(2) 上記(1)の結果と，前節での計算結果とを比較して考察せよ．

(解答例)

Lax-Wendroff 法による計算式は以下のように書けます．

$$f_i^{n+1} = f_i^n + \frac{1}{2}\left(f_{i+1}^n - 2f_i^n + f_{i-1}^n\right)\left(\frac{c\Delta t}{\Delta x}\right)^2 - \frac{1}{2}\left(f_{i+1}^n - f_{i-1}^n\right)\frac{c\Delta t}{\Delta x} \tag{15.33}$$

次に，第 15.1 節で行ったものと同様の誤差評価を実施します．テイラー展開を用いると f_i^{n+1}, f_{i-1}^n および f_{i+1}^n は，以下のように表されます．

$$f_i^{n+1} = f_i^n + \left(\frac{\partial f}{\partial t}\right)\Delta t + \frac{1}{2}\left(\frac{\partial^2 f}{\partial t^2}\right)(\Delta t)^2 + \frac{1}{6}\left(\frac{\partial^3 f}{\partial t^3}\right)(\Delta t)^3 + O\left[(\Delta t)^4\right] \tag{15.34}$$

$$f_{i-1}^n = f_i^n - \left(\frac{\partial f}{\partial x}\right)\Delta x + \frac{1}{2}\left(\frac{\partial^2 f}{\partial x^2}\right)(\Delta x)^2 - \frac{1}{6}\left(\frac{\partial^3 f}{\partial x^3}\right)(\Delta x)^3 + O\left[(\Delta x)^4\right] \tag{15.35}$$

$$f_{i+1}^n = f_i^n + \left(\frac{\partial f}{\partial x}\right)\Delta x + \frac{1}{2}\left(\frac{\partial^2 f}{\partial x^2}\right)(\Delta x)^2 + \frac{1}{6}\left(\frac{\partial^3 f}{\partial x^3}\right)(\Delta x)^3 + O\left[(\Delta x)^4\right] \tag{15.36}$$

式 (15.34),(15.35) および(15.36) を式 (15.33) に代入して整理すると以下のようになります．

$$\frac{\partial f}{\partial t} + c\frac{\partial f}{\partial x} = -\frac{c(\Delta x)^2}{6}\left[1 - \left(\frac{c\Delta t}{\Delta x}\right)^2\right]\frac{\partial^3 f}{\partial x^3} + O\left[(\Delta x)^3, (\Delta t)^3\right] \tag{15.37}$$

上式の右辺が，差分近似によりもたらされた誤差であり，誤差の主要項は，空間の三階微分を含む項となります．

(2)以下の形の偏微分方程式が持つ解の性質を考えてみます．

$$\frac{\partial f}{\partial t} + c\frac{\partial f}{\partial x} = d\frac{\partial^3 f}{\partial x^3} \tag{15.38}$$

ここで，c, d は実数とします．この偏微分方程式の解として，次式で与えられるような進行波を考える時，進行波の波速 a と波数 k および偏微分方程式中の係数 c, d との関係を求めてみましょう．

$$f(x,t) = \sin[k(x-at)] \tag{15.39}$$

なお，k, a は実数とします．

最初に，$d=0$ の特別な場合を考えてみます．この時，式 (15.38) は，線形一次元の波動方程式となります．

$$\frac{\partial f}{\partial t} + c\frac{\partial f}{\partial x} = 0 \tag{15.40}$$

式 (15.39) を式 (15.40) に代入して整理すると以下のようになります．

$$-(a-c)k\cos[k(x-at)] = 0 \tag{15.41}$$

これが，すべての x および t に対して成立するには，次式を満足する必要があります．

$$a = c \tag{15.42}$$

つまり，正弦波解の進行速度 a は係数 c と一致します．進行速度 a は係数 c と同符号となるので，$c>0$ の時，波は左から右（x 軸の正方向）へ進行し，一方，$c<0$ の時は，波は右から左（x 軸の負方向）へと進むこととなります．これは，以前に第 12 章で学習した通りの結果です．ここでは，もう一つ重要な点を指摘しておきます．波動方程式の場合，正弦波解の進行速度は波数 k に依存しません．つまり，波数 k にかかわらず，すべての波は一定の速度で伝播していきます．

次に，$d \neq 0$ の一般の場合について考えてみます．式 (15.39) を式 (15.38) に代入して整理すると以下のようになります．

$$\left(c - a + dk^2\right)k\cos[k(x-at)] = 0 \tag{15.43}$$

これが，すべての x および t に対して成立するには，次式を満足する必要があります．

$$a = c + dk^2 \tag{15.44}$$

したがって，この場合の波速 c の大きさは波数 k に依存することになります．このように，**波数（あるいはその逆数に比例する波長）によりその伝播速度が異なるような波を分散性の波と呼びます**．

まず，$d<0$ の場合を考えてみましょう．この時，波の進行速度は，係数 c よりも小さな値となります．逆に，$d>0$ の場合には，波の進行速度は，係数 c よりも大きくなります．式 (15.37) の右辺第一項の係数は，前節の条件下では負となります．このため，図 15.4 に見られるように，波の進行速度が遅くなる形で数値誤差の影響が出たものと考えられます．

(問）次のような二成分波の重ね合わせで構成される初期波形（図 15.6）を与えて，前節と同様の解析を行った場合，解は数値誤差によりどのような影響を受けると考えられるか．

$$f(x, t=0) = \sin(\pi x) + \sin(2\pi x) \qquad \text{at} \qquad t=0 \qquad (15.45)$$

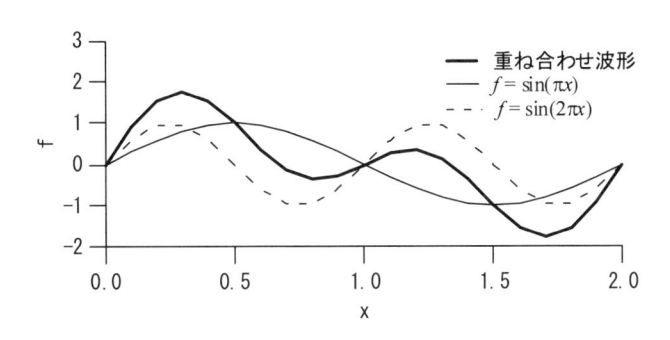

図 15.6　二成分の重ね合わせ波形

（解答例）

先に示したように，Lax-Wendroff 法では，一般に，誤差は波速が遅くなる方向で現れてきます．この場合も，波速が遅くなることが考えられますが，もう一つ考慮すべき点があります．式 (15.44) で係数 d が負の場合，波数 k が大きい（波長が短い）波ほど，波速が小さくなります．つまり，式 (15.45) で与えた二つの成分波は，同じ速度で伝播するのではなく，異なる速度で進んでいきます．したがって，その重ね合わせ波形は，時々刻々と変化することが予想できます．

式 (15.45) の初期波形を与えて，前節と同じ条件で 100 ステップ計算を進めた結果を図 15.7 に示します．また，比較のために，同じ時間における厳密解の波形を合わせて示します．波速のずれだけでなく，波形にも崩れが生じていることが確認できます．

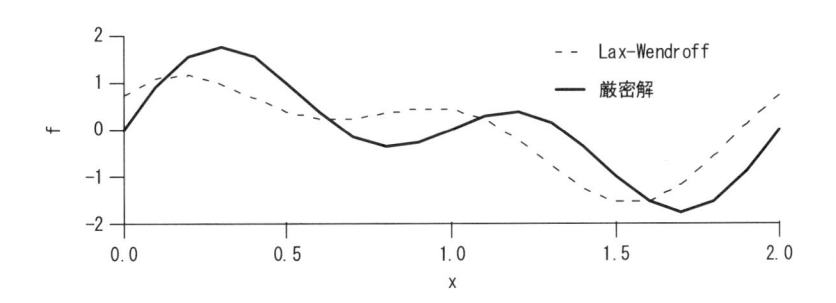

図 15.7　二成分波に対する解析結果

ここでは，二つの成分波からなる初期波形を考えましたが，一般のより複雑な波形も，

ここでは，二つの成分波からなる初期波形を考えましたが，一般のより複雑な波形も，様々な波数を持った成分波の重ね合わせとして表現することができます．もともとの基礎方程式は線形で，解の重ねあわせが可能であることから，以下のように一般的な形で考察を行うことができます．

　初期波形として，様々な波数を持つ成分波の重ね合わせで表現される波形を想定し，波動方程式を理論的および数値的に解析することを考えます．式 (15.1) を厳密な形で理論的に（誤差なしで）解いた場合，すべての成分波は同一の速度で進行するため，初期波形が保持され，形を崩すことなく一定速度 c で伝播していきます．しかしながら，数値解析においては，誤差を完全に無くすことは不可能で，波動方程式を空間二次精度で数値的に解く場合，現実には，式 (15.38) を対象に解析を進めていることとなります．この場合，個々の成分波は異なる速度で伝播していくため，その重ね合わせ波形は，時々刻々と変化することとなります．このように，**数値解析時の誤差として生じる波の分散効果（波数により伝播速度が異なること）を数値分散誤差と呼びます**．

参考文献

本書では，自然科学の様々な場面でツールとして活用される物理数学の入口の部分を紹介してきました．本書から進んで，さらに深い内容へと進んで行きたいと思う読者，あるいは，本書で扱った内容を別の切り口から見ることによって，さらに理解を深めたいと考えている読者を対象に，参考文献をいくつか紹介しておきます．

(1) 小島寛之 著：ゼロから学ぶ微分積分，講談社，2001，ISBN4-06-154652-X
具体的な例やイメージを多く取り入れ，微分積分を初歩からていねいに解説してあります．

(2) 高木隆司 著：キーポイントベクトル解析，岩波書店，1993，ISBN4-00-007863-1
ベクトル解析の基本となる内容をわかりやすく解説してあります．

(3) 長沼伸一郎 著：物理数学の直観的方法，通商産業研究社，2000，ISBN 4-924460-89-3
物理数学に出てくる様々な数学的概念の本質を直観的イメージでわかりやすく説明してあります．一見，複雑に思えることを平易な言葉で解説することに成功した見事な例だと思います．

(4) 清水 誠 著：データ分析はじめの一歩，講談社，1996，ISBN4-06-257145-5
数値情報を統計処理する際の様々な手法とその考え方，注意点について，具体例をふんだんに盛り込みながら解説してあります．ブルーバックスのシリーズです．

(5) 吉田 武 著：オイラーの贈物，海鳴社，1993，ISBN4-87525-153-X，
（文庫版）ちくま学芸文庫，2001，ISBN: 4480086757
代数，微積分，確率統計という数学の分野を結びつける形で中身の濃い解説がていねいに繰り広げられています．

(6) 高見穎郎・河村哲也 著：偏微分方程式の差分解法，東京大学出版会，1994，ISBN4-13-062901-8
差分法による偏微分方程式の数値解析について初歩的な所から応用例までわかりやすく記述されています．

(7) スタンリー・ファーロウ 著，伊理正夫・伊理由美 訳：偏微分方程式 科学者・技術者のための使い方と解き方，朝倉書店，1996，ISBN 4-254-11071-5
偏微分方程式の性質や扱い方に関して幅広い解説がしてあります．偏微分方程式について何か調べたい時に，辞書代わりに使っても有用です．

事項索引

あ
安定性解析　　149, 164
陰解法　　152, 155, 163-166
打ち切り誤差　　127, 181, 182

か
回帰曲線　　88, 99, 107-112, 115, 120, 124
回帰直線　　75, 87-98, 100-108, 112-115, 118, 119, 121
階級値　　66, 67
ガウス・ザイデル法　　169, 176-179
ガウスの消去法　　169, 174, 175
拡散誤差　　181
拡散方程式　　155, 183, 184
風上差分　　151, 181, 184, 187, 189
片側差分　　142, 151
片対数変換　　115, 121
完全相関　　102, 106
球面平均の定理　　171, 172
境界条件　　144-146, 159-164, 173, 187, 188
境界値問題　　128, 159, 173
共分散　　101
偶然誤差　　81
決定係数　　99, 104, 105
後退差分　　142, 147-149, 151, 182, 184, 186
後退代入　　176
勾配ベクトル　　39, 41-47, 49-51, 58

さ
最確値　　75-79, 89
最急降下（傾斜）方向　　31, 39, 41-43, 45, 46, 50, 59
最小自乗近似　　87, 89, 91, 93-95, 97-102, 107, 110, 111, 115, 118, 120, 123
最頻値　　66, 68, 69, 80
差分法　　127, 128, 131, 139, 142, 143, 148, 149, 152, 155, 159, 162, 164, 165, 169, 172, 181
残差　　75-79, 89-91, 93, 103, 104, 108, 115

算術平均　　63, 66-71, 77, 78, 89, 171
重心　　66, 69
収束　　8
常微分方程式　　127, 128
上流差分　　151
初期条件　　144, 149, 154, 159, 161, 163
初期値問題　　127, 128, 130, 131, 149, 153, 159
数値拡散　　183
数値分散　　192
正の相関　　106
正規分布　　75, 76, 80-86, 158
線形　　97, 98, 141, 142, 149, 153, 154, 159, 167, 182, 184, 185, 187, 189, 190, 192
前進差分　　142-147, 149, 151, 152, 161, 179, 182, 184
前進消去　　175
全微分　　29, 33-37, 53-55
相関係数　　99, 101, 105, 106, 113, 114
双曲型　　153, 154, 170

た・な
楕円型　　170, 180
ダランベールの解　　153
中央値　　64-69
中心差分　　152, 161, 162, 172, 173, 179, 184
調和関数　　171
直接解法　　174
テイラー展開　　3, 7-15, 17, 21, 23-27, 29, 31-33, 42, 51, 53, 57, 127-130, 133-136, 138, 140, 141, 182, 189
度数　　66
度数分布　　63, 65, 67, 80, 116
度数分布表　　63, 66, 69, 73, 116
熱伝導方程式　　139, 155-159, 161, 165-170, 172, 174, 179, 181, 183

は
バーガース方程式　　141

発散　　164, 178
波動方程式　　139-144, 147, 149, 150, 153-157, 159, 169, 170, 181-184, 187, 189, 190, 192
反復解法　　174-176
ヒストグラム　　63, 65-70, 73, 80-82, 116, 117
非線形　　141, 142
微分方程式　　127-131, 140, 142, 170, 173
標準化　　85
標準偏差　　63, 69, 72-75, 78-80, 82-86, 115-117
負の相関　　106
分散　　63, 69, 71, 73, 75, 76, 78, 79, 82, 90, 101, 103, 104, 115-117
分散誤差　　181
分散性　　190
偏差　　70, 71, 73, 74, 103
変動係数　　78, 79
偏微分　　17, 19-22, 27, 29, 51, 57, 58, 87, 91, 93, 108, 128, 153, 167, 179
偏微分係数　　17, 20-22, 24, 25, 27, 28, 34, 35, 40, 43, 47, 49, 50, 55, 91, 156, 182
偏微分方程式　　47, 128, 137-141, 151, 154-157, 166, 169, 170, 172, 180-183, 187, 189
ポアソン方程式　　172
方向微分　　29, 37-39, 51, 54
方向微分係数　　29, 33-35, 37-41, 45, 53, 55
放物型　　170

ま・や・ら

マクローリン展開　　8
無相関　　102, 106
メジアン　　64, 68
モード　　66, 68
陽解法　　155, 163-166, 182
ラプラス演算子　　171
ラプラス方程式　　169-174, 179, 180
離散的　　130, 132, 135
両対数変換　　111, 112, 121
レンジ　　66

謝　辞

　本書を編纂するにあたり，多くの方々から有形無形のサポートをしていただきました．本書の内容の大部分は，著者らの金沢大学での講義録をもとに作成されました．講義で筆者らとともに学び，講義内容について適切なフィードバックを与えてくれた金沢大学の学生諸氏に感謝します．また，本書草稿の内容に対して，貴重なご助言をいただいた京都大学石井隆次先生，熊本大学山田文彦先生に厚く御礼申し上げます．

　金沢大学　関　平和先生，五十嵐心一先生，小林史彦先生からは，ご専門分野に関連した例題を提供していただきました．また，原稿の校正作業や図面の作成にあたっては，研究室の大学院生にもお世話になりました．ここに記して謝意を表します．

　本書中の写真の多くは，インターネット上の画像サイト「デジタル楽しみ村（大井啓嗣氏運営）」(http://www.tanoshimimura.com/index.htm) から，転用フリーの物を使用させていただきました．また，北陸電力株式会社および熊本大学山田文彦氏からも，写真の転用を快くご承諾していただきました．ここに記して厚く御礼申し上げます．

　最後に，本書の出版に種々のご配慮を賜ったナカニシヤ出版宍倉由高氏他編集の方々に御礼申し上げます．

　本書が，自然科学を志す一人でも多くの人に有意義であることを願って．

　2004 年 3 月

由比　政年
前野　賀彦

著者紹介（＊：編者）

由比政年＊（ゆひ・まさとし）
1989 年　京都大学大学院工学研究科
　　　　　修士課程航空工学専攻修了　博士（工学）
　　　　　現在，金沢大学理工研究域環境デザイン学
　　　　　系教授

前野賀彦＊（まえの・よしひこ）
1976 年　京都大学農学部農業工学科卒業
　　　　　農学博士
　　　　　現在，日本大学理工学部土木工学科教授

斎藤武久（さいとう・たけひさ）
1992 年　金沢大学大学院工学研究科
　　　　　修士課程土木建設工学専攻修了　博士（工学）
　　　　　現在，金沢大学理工研究域環境デザイン学
　　　　　系教授

工学基礎技術としての物理数学
Ⅰ：導入篇

2004 年 9 月 10 日　初版第 1 刷発行
2013 年 3 月 30 日　初版第 2 刷発行

　　　編　著　由比政年　　　　定価はカバーに
　　　　　　　前野賀彦　　　　表示してあります
　　　出版者　中西健夫
　　　発行所　株式会社ナカニシヤ出版
　　　〒606-8161 京都市左京区一乗寺木ノ本町 15 番地
　　　　　　　　　　　telephone　075-723-0111
　　　　　　　　　　　facsimile　　075-723-0095
　　　　　　　　Website http://www.nakanishiya.co.jp/
　　　　　　　　E-mail　iihon-ippai@nakanishiya.co.jp
　　　　　　　　　　　郵便振替　01030-0-13128

装幀＝白沢　正／印刷・製本ファインワークス
Printed in Japan
Copyright © 2004 by M. Yuhi & Y. Maeno
ISBN4-88848-904-1

◎本書のコピー，スキャン，デジタル化等の無断複製は著作権法上での例外を除き禁じられています．本書を代行業者等の第三者に依頼してスキャンやデジタル化することは，たとえ個人や家庭内での利用であっても著作権法上認められておりません．